Illustriertes

UNIMOG

Vokabularium

2. Auflage 2023
Verlag Podszun-Motorbücher GmbH
Elisabethstraße 23-25, D-59929 Brilon
Internet: www.podszun-verlag.de
eMail: info@podszun-verlag.de
ISBN 978-3-7516-1011-7

Alle Abbildungen wurden vom Autor beziehungsweise der Daimler AG zur Verfügung gestellt.

Heinrich W. Blumenberg

Illustriertes UNIMOG Vokabularium

PODSZUN

Prolog

Mit Erscheinen dieses Vokabulariums fährt der Unimog unermüdlich seit 75 Jahren in annähernd allen Ländern rund um unseren Globus. Dabei sind viele Menschen auf unterschiedlichste Weise mit diesem außergewöhnlichen Fahrzeug in Kontakt geraten und haben es schätzen gelernt.

Als Ausdruck dieser Wertschätzung hat sich ein eigener Unimog-Wortschatz entwickelt. Zu humorvollen und liebenswürdigen Begriffen gesellen sich technische Fachausdrücke und spezifische Verkaufsbezeichnungen. Im Verlauf der vielen Jahre hat sich das Vokabular naturgemäß immer wieder verändert: Der "große" Unimog von 1965 ist heute längst ein "kleiner" geworden. Professionelle Begriffe aus den 1950er Jahren werden heute nur noch in der Amateurszene gepflegt, dafür sind Anglizismen und Abkürzungen neu hinzugekommen. Die Sprache lebt und hat sich mit dem Fahrzeug immer weiter entwickelt.

Das vorliegende Vokabularium listet alle spontan aus dem Gedächtnis abrufbaren Unimog-Spezifika auf und vermittelt an Hand von Bildern und graphischen Darstellungen dem Anfänger einen Grundkurs und eventuell auch dem Fortgeschrittenen noch die ein oder andere bisher unbekannte Information, ohne dabei den Anspruch auf Vollständigkeit zu erheben.

Allen Leserinnen und Lesern, die Freude am Unimog haben, sei diese auch beim Studieren dieses kleinen Büchleins gewünscht.

Im Jubiläumsjahr 2021
Heinrich W. Blumenberg

Der Anfang und das Ende: MB-trac von 1973 und 1992

A 60
Ackerbaumaschine 60 PS

Werksinterner Projektname für die Entwicklung des MB-trac ab März 1968. Das erste darauf beruhende Serienfahrzeug war der MB trac mit der Typbezeichnung 65/70. Die ungewohnte und so auch einmalige Leistungsbezeichnung gibt sowohl die DIN-PS wie auch die damaligen amerikanischen "brutto SAE-HP" an.

A 60 (oben) und Serien MB-trac 65/70 aus dem ersten Baumonat Juli 1973 mit Exaktdüngerstreuer

ABH

Aufbauhersteller

Der Unimog wird erst in Verbindung mit Anbaugeräten zu einer wirtschaftlichen Arbeitsmaschine. Weltweit sind hunderte von Herstellern der vielfältigsten An- und Aufbauvarianten wie Bagger, Krane, Kehrmaschinen, Schneefräsen und so weiter bekannt.Für die Abstimmung und Anpassung an der Schnittstelle Fahrzeug/Gerät ist im Werk Wörth das sogenannte ABH-Management verantwortlich.

Accelo
Typbezeichnung

Ein Daimler-Lkw mit diesem Namen aus dem brasilianischen Werk Sao Bernardo do Campo spendierte nach dem Prinzip des "Konzernbaukastens" das Führerhaus für den Unimog U 20 aus der BR 405. In Ergänzung zu den schon vorhandenen Typen U 300, 400, 500 wurde dieser Unimog in der Entwicklungsphase als U 200 bezeichnet. Mit Markteinführung wurde zur deutlicheren Abgrenzung dann der Name U 20 festgelegt.

ALL
Automatisch lastabhängige Lageregelung

Beim Unimog mit seiner gefederten Hinterachse ändert sich durch Entladen (Gewichtsabnahme) von z. B. auf- oder angebauten Düngervorratsbehältern oder Pflanzenschutzspritzgeräten der Bodenabstand von im Dreipunktgestänge getragenen Arbeitsgeräten. Hierdurch ändert sich zwangsläufig die Arbeitsqualität. Die ALL-Regelung in den BR 427, 437.1 sorgt in Verbindung mit der EHR für eine gleichbleibende Höhenführung.

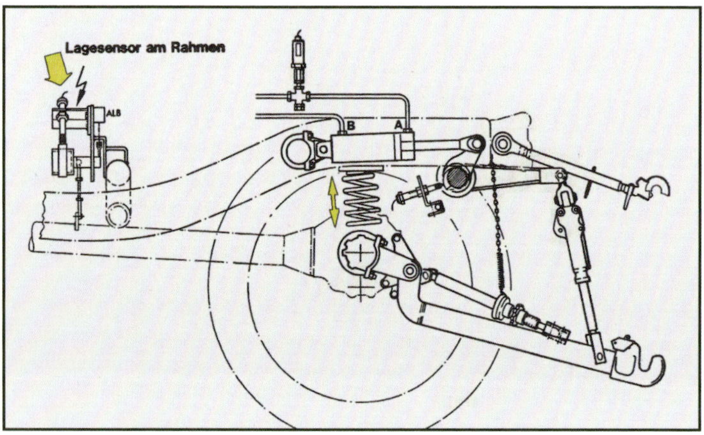

Allwetterverdeck

Verkaufsbezeichnung

Entgegen der heutigen Fertigung konnten die Unimog der BR 70200 – 411, 421, 403, 406, 404 sowohl mit einem festen Fahrerhaus als auch mit einem abklappbaren Segeltuch-Verdeck als "Cabrio" geliefert werden.

Unimog U 411 mit Allwetterverdeck, hier mit herausgenommenen Steckfenstern

Alte Achse

Unterscheidung verschiedener Achskonstruktionen bei BR 411

Die Achse ist verbaut bis U 411a und wurde vom Zulieferer Erhard & Söhne gefertigt. Sie ist leicht erkennbar an dem vorspringenden Radnabenstummel. 1963 wurde der 411b eingeführt mit einer Achskonstruktion wie beim U 406. Damit entfiel der Radnabenstummel an der neuen Achse zu Gunsten einer nicht hervorstehenden Radnabe.

Anbaubeschläge

Verkaufsbezeichnung

Eine Vielzahl verschiedener Anbaubeschläge gibt es für vorn, hinten und der Mitte, um Geräte wie Seilwinden, Frontlader, Krane und Ähnliches fest mit dem Unimograhmen zu verbinden. Mitunter wird auch von Anbauböcken oder Kloben gesprochen.

Anhängebock

Zulieferteil der Firma Erhard & Söhne

Einige landwirtschaftliche Geräte konnten bei Unimog der BR 2010-411 wegen ihrer hohen Deichsellast nicht von der werkseitigen Anhängeschiene des Unimog getragen werden. Hierfür wurde der Anhängebock entwickelt, der die Stützlast über die hinteren Anbauböcke direkt auf den Unimog-Rahmen überträgt, vor allem bei gezogenen Mähdreschern.

Archäomog

Humorvolle Ehrenbezeichnung

Ein von Daimler-Benz bereitgestellter U 406 mit Schaeff Frontlader und Anbaubagger half Forschern der Universität Tübingen bei Ausgrabungsarbeiten der sagenhaften Stadt Troja. Während des bis 2008 andauernden Einsatzes erhielt der Unimog von den Forschern wegen seiner Verdienste diese anerkennende Bezeichnung.

Aufstiegsring

Fachausdruck

Diese mit oberflächlichen Noppen versehene Aufstiegshilfe an der Radnabe der Vorderachse bei U 411 und U 404 dient als Ersatz für den bisherigen Aufstiegstritt bei U 2010 und U 401. Je nach Reifengröße wurden schmale und breite Aufstiegsringe montiert. Die Befestigung erfolgte mit Hilfe der Radmuttern.

Ausstellbare Frontscheibe

Verkaufsbezeichnung

Konservative Kunden, die nicht auf das bei den alten Ackerschlepperverdecken übliche "Frischluftgefühl" verzichten mochten, konnten anstelle einer feststehenden Windschutzscheibe beim MB-trac als SA auch eine mit Gasdruckdämpfern ausstellbare Frontscheibe bekommen. Für Frontladereinsatz war eine Öffnungsbegrenzung vorgesehen.

Austromog
Austria Unimog

Projektbezeichnung für geplantes "österreichisches Heeres-Universal-Motorgerät" auf Basis des U 416 aus dem Jahr 1968. Unter Beteiligung einheimischer Partnerfirmen lag die Federführung bei dem Wiener Fahrzeugbauunternehmen Gräf & Stift AG.

AutomaticShift®
Geschützte Verkaufsbezeichnung

Ermöglicht bei Geräteträgerfahrzeugen und hochgeländegängigen Unimog das Fahren und Arbeiten ohne zu kuppeln, wie mit einem Automatic-Getriebe. Der Fahrer kann sich somit besser auf die Arbeitsprozesse beziehungsweise den Verkehr konzentrieren (A = Automatic, M = Manuell)

Baas-Schwinge

Fachausdruck

Bezeichnung für die spezielle Bauform der Frontladerschwinge der Firma Baas aus Wedel/Holstein zum Unimog- oder MB-trac-Frontlader. Der Vertrieb dieses Frontladers zur speziellen Verwendung am Unimog erfolgte lange Zeit unter der Bezeichnung FL 3 auch über Firma Schmidt, St.Blasien, die damit ihr Geräteprogramm erweiterte.

Die geschwungenen Frontlader von Baas der Typen FL 1 bis FL 4 waren sowohl an Unimog als auch an MB-trac montierbar

Banane
scherzhafte Bezeichnung

Ein Zapfwellenverlagerungsgetriebe diente bei U 411–406 als leicht abnehmbare SA zur Veränderung der Zapfwellenposition von der unimogtypischen Lage links neben dem Zugmaul auf normgerechte Lage unter dem Zugmaul. Dies war vorallem erforderlich bei Anhängung von Starrdeichselanhängern mit Zapfwellenantrieb wie Stalldungstreuer, Ladewagen und so weiter. Je nach Leistungsbedarf standen sowohl eine kleine wie auch eine große Banane (s. Bild) zur Verfügung.

Bergziege
Scherzhafte Bezeichnung aus dem Gebirgsjägerjargon

Die BW-Gebirgsartillerie verfügte über Unimog als Zugfahrzeuge für die Gebirgshaubitze 56. Davon sieben BM 411.118 (kurz) und zwei BM 411.119 (lang) als Lkw 1,0 t gl, mit 32 PS-Dieselmotor. Diese wurden auf gut bayerisch auch als "Nato Goas" bezeichnet. Zur Erprobung wurden zusammen mit der Luftlandetruppe auch vier Fahrzeuge BM 411.114 (lang) mit 65 PS Benzinmotor eingesetzt (s. Bild). Eine reguläre Beschaffung ist allerdings nicht erfolgt.

Bio-Unimog

Werbebezeichnung

Motoren der Baureihe 300 in Unimog und MB-trac ab Baujahr 1988 konnten ohne jegliche Umrüstung auch mit RME (Rapsölmethylester) als nachwachsender Rohstoff betrieben werden. RME enthält keinen Schwefel und ist somit abgasmäßig sehr umweltfreundlich, wenn auch der Geruch an eine "Frittenbude" erinnert. In Europa stellt der aus Raps gewonnene RME den größten Anteil des Biodiesels.

Black Beauty

Abschiedsgeschenk für die Nachwelt

Im Dezember 1991 verließ der allerletzte MB-trac das Montageband in Gaggenau. Kurz davor wurde das Flaggschiff unter den Tracs, ein MB 1800 für die konzerneigene Sammlung produziert und bei Eller in Sinzheim hochwertig veredelt. Unter der Bezeichnung „Black Beauty" steht dieses Fahrzeug heute als wertvollstes Exponat im Unimog-Museum, ist weltweit bekannt, meist fotografiert und bis heute ein Besuchermagnet.

Black Edition

Bezeichnung für Luxus-Unimog

Der Unimog U 500 Black Edition (BR 405, UGN) wurde von Mercedes-Spezialist Brabus entwickelt und 2005 auf der Dubai Motor Show erstmalig gezeigt. Das Fahrzeug für eine exklusive Zielgruppe ist eine edle Kombination aus Stadt-, Freizeit-, und Geländewagen mit extrem auffälligem Erscheinungsbild.

BlueTec®

Verkaufsbezeichnung

Mit Einführung der BlueTec-Technologie ist es den Mercedes-Benz Ingenieuren 2005 weitgehend gelungen, den kraftvollen und sparsamen Diesel so sauber wie einen Ottomotor zu machen. Dies basiert vor allem auf der Reduzierung von Stickoxiden (NOx) und betrifft mit der Emissionsklasse Euro 4 erstmals UGN und UHN -Fahrzeuge. Heutige Unimog UGE und UHE erfüllen damit bereits die Euro 6-Norm.

BM

Baumuster

Innerhalb einer Baureihe gibt es beim Unimog fast immer mehrere Baumuster, die mit einem dreistelligen Ziffernblock nach der BR-Nr. gekennzeichnet sind. Das BM benennt die Unterschiede für Aufbau, Kabine und Radstand. BR und BM bilden immer den Anfang der Fahrgestellnummer (s. a. "FIN").

Bodenkonstante Ackerschiene

Verkaufsbezeichnung

Anlenkung einer festen Ackerschiene am Unimog, die auf Grund ihrer speziellen Kinematik auch beim Einfedern des Fahrzeugs, zum Beispiel durch Füllung der Pritsche mit Erntegut, dennoch stets den gleichen Bodenabstand einhält. Dies ist wichtig für beispielsweise angehängte Rübenvollernter. Die bodenkonstante Ackerschiene ersetzte als Weiterentwicklung den anfänglich lieferbaren Anhängebock der Firma Erhard und war dann nicht nur für die Baureihen 411 b+c sondern auch für fast alle späteren Unimog-BR als SA verfügbar.

Boehringer
Herstellerbezeichnung

Bei der Firma Gebr. Boehringer in Göppingen erfolgte die erste serienmäßige Unimogfertigung der BR 70200 mit insgesamt 600 Explaren von 1946-1950. Es gibt einige untrügliche Erkennungsmerkmale für diese besonderen Unimog, die allerdings nur bei genauer Betrachtung festzustellen sind. Nur allein das Ochsenkopflogo auf der Motorhaube ist kein eindeutiges Indiz, da dieses anfänglich auch von der DB AG an den BR 2010 und 401 noch weiterverwendet wurde.

Foto aus einem Prospekt von Boehringer aus dem Jahr 1950

BR
Bau Reihe

Die Baureihe ist das übergeordnete Ordnungskriterium für verschiedene Baumuster. Für ältere Unimog hat sich im Sprachgebrauch heute die BR-Bezeichnung durchgesetzt. Man spricht vom U 406 und nicht mehr vom U 84 oder vom U 411 und nicht mehr vom U 34. Jüngere Unimog gehören zwar zum Beispiel zur BR 427, werden aber umgangssprachlich als U 1600 bezeichnet. Aktuell sind noch die beiden BR 437.4 (UHE) und 405 (UGE) im Programm.

Brexitmog

Scherzhafte Bezeichnung

So wurde ein Vorführ-Fahrzeug von MB UK mit "Union Jack"-Sonderbedruckung getauft. Symbolhaft könnte man meinen, mit dem "Alleskönner" Unimog sollte das Vereinigte Königreich aus dem zähen "Brexit-Schlamassel" gezogen werden, was aber bekanntlich auch damit nicht gelungen ist.

City-Mog

Synonym für UX 100

In der Entwicklungsphase des UX 100 wurde dieser auch mit den Arbeitsbezeichnungen UX 1G und UX 1T benannt. Wegen der deutlich vom gewohnten Unimog abweichenden Konzeption und dem Haupteinsatzzweck wurde auch der Begriff City-Mog verwendet.

CKD
Completely Knocked Down

In diesem Zustand wurden Unimog auch in Komponenten und Baugruppen zerlegt und gut verpackt ins Ausland exportiert. Erst im Importland (zum Beispiel Türkei, Argentinien, Australien) entstanden dann in dortigen Fabrikationsstätten und mit einheimischem Personal die fertigen Fahrzeuge.

Dammann-trac
Name für ein Trägerfahrzeug der Firma Dammann aus Buxtehude

Durch Versetzen des Fahrerhauses nach vorn entsteht ein langer Aufbauraum für Spritz- oder Streugeräte. Anfangs hergestellt auf Grundlage der MB-trac Baureihen und nach deren Einstellung auf Basis von Unimog-Fahrgestellen. Diese frühe Konzeption kann als Auslöser für alle heutigen Selbstfahrer anderer Hersteller angesehen werden.

Datenkarte

"Geburtsurkunde" des Unimog

Zu jedem Unimog und MB-trac gehört eine Fahrzeugdatenkarte. Diese befindet sich sowohl beim Hersteller als auch beim Erstkunden. Lange Zeit gab es auch eine Ausfertigung für die Fahrzeugakte bei der jeweiligen Vertretung. Hier sind nicht nur die entscheidenden Nummern für Fahrgestell, Motor, Fahrerhaus und Kfz-Brief vermerkt, sondern auch der mit diversen Code-Nummern benannte Erst-Ausstattungsumfang.

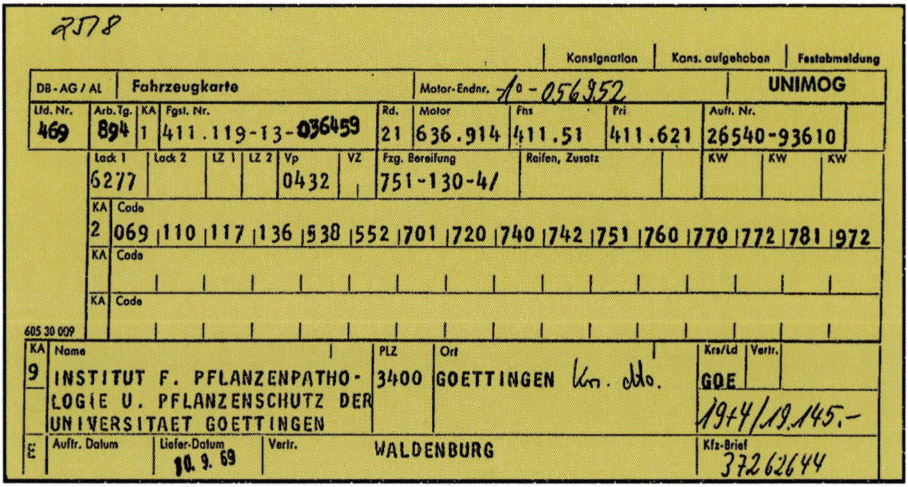

DC

Daimler-Chrysler AG

Konzernname nach der Fusion der Daimler Benz AG mit der US-amerikanischen Chrysler Corporation im Jahr 1998. 2007 wurde die Mehrheitsbeteiligung an der Chrysler Group wieder abgegeben und der Konzern firmiert bis heute unter der Bezeichnung Daimler AG.

DAIMLERCHRYSLER

Dieseli

Soldatenjargon in der Schweiz

Der Unimog 70200 war das kleinste mit einem Dieselmotor angetriebene Fahrzeug der Schweizer Armee, weshalb es von der Truppe liebevoll "Dieseli" genannt wurde. Zusammen mit den später beschafften Unimog der BR 2010 und 411 prägte es während vier Jahrzehnten das militärische Strassenbild in der Schweiz. Erst Ende 1989 wurde die Unimog-Flotte beim eidgenössischen Militär endgültig ausgemustert. Die Abbildungen zeigen ein Dieseli (links) neben einem eidgenössischen Kameraden der BR 404 und unten.

DoKa
Doppelkabine

Unimog mit einer zweireihigen Sitzanordnung im festen Fahrerhaus und mit verkürzter Pritsche der BR 416 und SBU, sehr selten auch mit offenem Führerhaus bei BR 404 und 426. Die DoKa bietet Platz für 6-7 Personen und ist insofern insbesondere auch für Feuerwehrfahrzeuge bis heute gut geeignet. Natürlich sind daher moderne UHN- und UHE-Fahrzeuge nach wie vor ab Werk mit einer DoKa lieferbar.

U 3000 (UHN) mit Doka und Ladekran als Montagetruppfahrzeug für 7 Personen

Drehsitz

Bezeichnung für eine technisch exklusive Rückfahreinrichtung als Ausstattungsvariante beim MB-trac

Die MB-trac BR 442/443 sind konstruktiv als Zweirichtungsschlepper ausgelegt. Die Drehsitzeinrichtung war als SA erhältlich und ermöglichte in der Kabine durch Drehung einer Konsole mit Sitz, Armarturen und Lenkrad den Fahrbetrieb in Schubfahrt für Anbaugeräte wie Maishäcksler oder Rübenroder (s. a. Hecklader).

Dreipunktgestänge

Landtechnischer Fachbegriff

Genormte Schnittstelle zum Anbau von Geräten am Kraftheber von Ackerschleppern. Der Unimog verfügte in den Anfangsjahren, wie andere Schlepper auch, über eine optionale Vierpunktaufhängung. Dieses System hat sich in der Landtechnik allerdings nicht durchgesetzt. Das Dreipunktgestänge besteht aus zwei unteren Lenkern und einem Oberlenker.

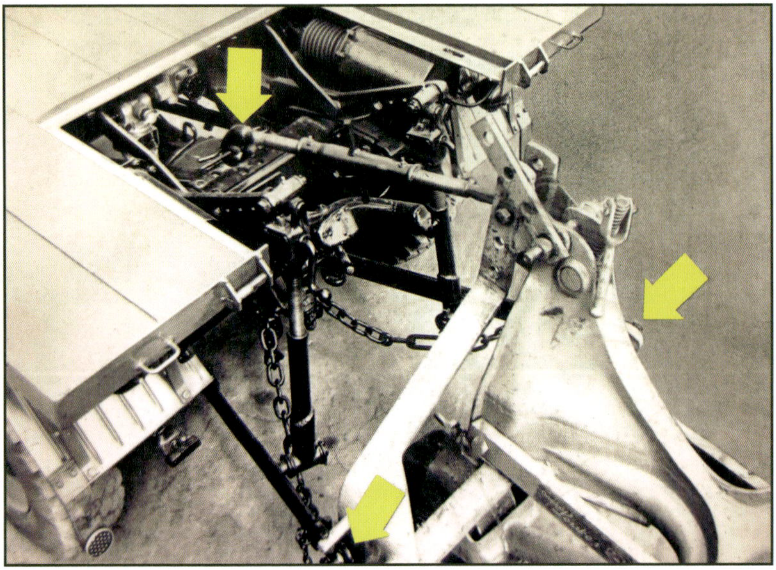

DvF

Typ D, verbreitertes Fahrerhaus

Ein geschlossenes Fahrerhaus vom Zulieferer Westfalia. Es hat ein um 30 Prozent größeres Volumen, die Frontscheibe ist ungeteilt und die Ergonomie deutlich verbessert. Damit wurde ab 1957 den gestiegenen Komfortansprüchen insbesondere kommunaler Kunden entsprochen. Das DvF hat somit für den U 411 das bisherige Fahrerhaus Typ B ersetzt.

EAG
Erdarbeitsgerät

BW-Bezeichnung für U 406 Pionier-Fahrzeug mit Schaeff-Anbaubagger und Planierschild zum Bau von Feldbefestigungen für Jg- und PzGren-Truppen. Das EAG wurde ab 1975 mit einer Stückzahl von 377 Fahrzeugen in die Truppe eingführt. Die Mehrzahl der damaligen EAG ist heute in privater Hand, leider nicht mehr im Originalzustand, sondern verschwindet lkw-grün lackiert und technisch hochgerüstet in der breiten Masse der BR 406.

EAS
Elektronisch automatisierte Schaltung

Die aktuellen Unimogtypen der BR 405 (UGE) und 437.4 (UHE) können als SA mit einem automatischen Fahrkupplungssystem ausgestattet werden. Ein Kupplungspedal ist zwar vorhanden, wird aber im Automatik-Modus zurückgeklappt. Der Unimog fährt sich dann im 2-Pedal-System. Dadurch wird der Fahrer bei schaltintensiven Einsätzen deutlich entlastet und kann sich voll auf Verkehr, Gelände oder die Arbeit konzentrieren.

EasyDrive

Verkaufsbezeichnung für ein spezielles Hydrostat-System im UGE

Dieses System vereint die Vorteile vom kraftstoffsparenden Schaltgetriebe für Fahrten bis 89 km/h mit einem hydrostatischen, stufenlosen Fahrantrieb bis 50 km/h. Der Wechsel zwischen Getriebe und Hydrostat kann ohne Unterbrechnung während der Fahrt erfolgen. Dies ermöglicht den "fliegenden" Wechsel zwischen drive- und workmodus zum Beispiel bei Mäharbeiten.

Einlegeboden

Fachausdruck

Der Einlegeboden ist von Anfang an bis heute über alle Baureihen ein unimogtypisches Bauteil. Um den Blick des Fahrers auf die Anbaugeräte zu ermöglichen beziehungsweise zu verbessern, lässt sich ein Segment des Pritschenbodens einfach herausnehmen. Auch die Wartung an Druckluft- oder Hydraulikanlage wird so erleichtert.

Einsfünftonner

militärische Lastenklasse

Bei militärischen Transportfahrzeugen ergibt sich die Benennung nach der Nato-Lastenklasse. Hier gemeint ist aus der BR 404 der Unimog S mit der vollständigen Benenung 1,5 t tmil gl. Hiervon hatte die Bundeswehr insgesamt 36.638 Fahrzeuge im Bestand. Am häufigsten war die Version mit Pritsche/Plane, danach rangierten unterschiedliche Kofferaufbauten für Fernmelde - oder Sanitätseinsätze.

Expert Partner

Daimler Auszeichnung für qualifizierte Gerätepartner

Unter dem Motto "it's-better-together" hat Daimler 2015 die Partnerschaft mit den Unimog- Aufbauherstellern weiter optimiert. Das Projekt umfasste einen umfangreichen Anforderungskatalog für Vertrieb, Service, Qualität und Technik der Unimog-Partner sowie zwei mögliche Partnerschafts-Level "UnimogPartner by Mercedes Benz" und "Mercedes Benz Unimog ExpertPartner" (s. a. "GP").

Fahrerhaushochstellvorrichtung

Begriff aus dem Unimog-Service

Die Unimog haben schon sehr lange ein kippbares Fahrerhaus, wodurch die Zugänglichkeit zu Motor und Getriebe deutlich erleichtert wird. Mit Hilfe der in den KD-Stationen vorhandenen hydraulischen Hochstellvorrichtung kann das Fahrerhaus ohne Kraftanstrengung von einer Person gefahrlos angehoben werden. Die sinnvolle Vorrichtung war schon bei SBU-Fahrzeugen, wie aber auch der späteren BR bis heute als festverbaute, werkseitig lieferbare SA erhältlich.

Fahrerhausverlängerung

Unimog-Sonderausstattung

Um Zusatzplatz für Werkzeug und Ausrüstung zu schaffen, ist für den UHN ein um 12 cm verlängertes Fahrerhaus lieferbar. Dabei kann ein ebener Kabinenboden, ohne Tunnel, realisiert werden. Diese Variante ist besonders für Feuerwehrfahrzeuge vorgesehen.

Fahrstuhl

Umgangssprachlicher Fachausdruck

Die österreichische Firma Scharmüller aus Vöcklamarkt als Spezialist für Anhängekupplungen hat für den UGN und UGE einen als Fahrstuhl bezeichneten Anhängebock mit erhöhter Stützlast entwickelt. Diese ab Werk lieferbare SA ermöglicht die Verwendung verschiedener Zugmäuler, die in einem Führungs-Schlitten mit einem Handgriff höhenverstellbar und damit für die unterschiedlichsten Anhänger geeignet sind. Hierzu gehört auch die heute in der Landwirtschaft weitverbreitete Kugelkopfkupplung K 80. Auch bereits SBU-Fahrzeuge waren für den Agrareinsatz mit Fahrstuhl lieferbar. Dieser wurde seinerzeit von der Firma Rockinger gefertigt.

FAP
Frontanbauplatte

Die von dem Gerätepartner Schmidt entwickelte FAP wird am Rahmen des Unimog oder auch anderer Trägerfahrzeuge montiert und dient zur Aufnahme der Gewichts- und Schubkräfte kommunaler Frontanbaugeräte. Sie wird daher allgemein auch Kommunalplatte genannt (s. a. Schmidtplatte)

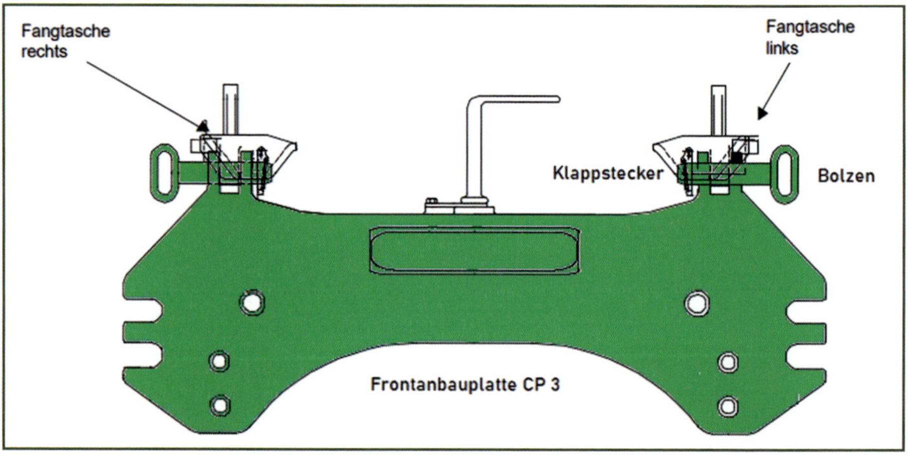

Federböckli
Humorvoller Jargon beim Schweizer Militär

Die Neigung des gut gefederten Unimogs zum "Springen", insbesondere der BR 2010 bis 411 mit kurzen Radständen, auf schlechten Wegstrecken bei hoher Geschwindigkeit in Verbindung mit der Sitzposition über der Vorderachse, verschaffte dem Fahrzeug diese freundliche Respektsbezeichnung durch die eidgenössischen Soldaten.

Ferkelhügel
Scherzhafte Bezeichnung

Kleine Bodenaufschüttung im Werk Wörth. Das Mini-Gelände dient zur Nutzung für Spontanvorführungen und trägt unter den Unimogfahrern in Anlehnung an das renommierte Erprobungsgelände "Sauberg" in Gaggenau diesen etwas despektierlichen Titel.

Feste Rückwand
Verkaufsbezeichnung

Die MB-trac BR 440 war anfangs an der Kabinenrückwand wegen der besseren Übersicht nach hinten auf die Anbaugeräte mit einer "Rollplane" ausgestattet. Zur Komforterhöhung wurde nach Forderungen der Praxis dann aber schnell auch eine feste Rückwand mit Kurbelfenster entwickelt. Da diese etwas nach hinten herausbaute, musste in Folge auch der Geräteaufbaurahmen zur Befestigung von zum Beispiel Pflanzenschutzgeräten umkonstruiert werden.

FGA
Fahrgestellaufbau

Weltweit verwenden diverse Aufbauhersteller Unimog-Fahrgestelle der BR 437.4, aber auch DB- Lkw-Fahrgestelle für Fremdaufbauten als geschützte Fahrzeuge (wie Dingo und andere). Daraus resultiert ein eigener Vertriebs- und Entwicklungsbereich.

FIN
Fahrzeug-Identifikationsnummer

Landläufig auch als Fahrgestellnummer bezeichnet, befindet sich die FIN am rechten Längsträger vor der Vorderachse. Alle Unimog und MB-trac haben Nummern aus dem 400er Zahlenblock. Die Nummer ist heute 17 stellig und wird in 12 mm Schrifthöhe eingeschlagen.

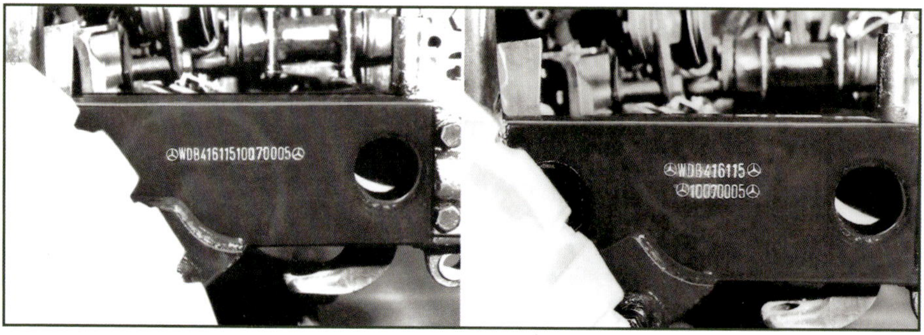

Flammer-Fibel

Humorvolle Respektsbezeichnung für das THB

Technische Handbücher sind das wichtigste Werkzeug für das Vertriebpersonal. Gerade für ein so komplexes und dennoch universell einsetzbares Fahrzeug ist Kenntnis über die technischen Möglichkeiten und Besonderheiten sehr wichtig. Ein erfahrener Daimler-Mitarbeiter hat sich als langjähriger Kenner des Unimog mit der Herausgabe und Pflege dieser Literatur besondere Verdienste erworben und erfährt mit dieser Namensgebung bis heute freundliche Anerkennung.

Flatterverdeck

Humorvolle Bezeichnung aus dem Bundeswehrjargon

Das abklappbare Segeltuchverdeck des Lkw 1,5 t tmil gl (U 404 S) hatte die Eigenart, bei hoher Fahrgeschwindigkeit je nach Wind in erhebliche Schwingungen zu geraten. Durch die damit verbundenen "Flattergeräusche" war eine Unterhaltung während der Fahrt kaum möglich. Heute wird diese Bezeichnung vielfach für alle Unimog Cabrio-Fahrzeuge der Baureihen 411, 421, 406 scherzhaft gebraucht.

Flüster-Unimog

Verkaufsbezeichnung

Der Begriff bezieht sich auf Unimog aus der BR 427 mit speziellem Lärmdämmpaket für innerstädtischen Einsatz (Kurgebiete und so weiter) oder Nachtarbeit, insbesondere mit Kehrmaschinen, Kanalspülgeräten oder Kranen. Der Unimog entspricht damit den hohen Anforderungen des § 49, Abs. 3 der StVZO über lärmarme Fahrzeuge. Äußeres Erkennungsmerkmal ist der kastenförmige Kühlervorbau mit dem Firmen-Emblem.

Freisichtkabine
Verkaufsbezeichnung

Das Fahrerhaus der Unimog-BR 405 wird als Freisichtkabine bezeichnet. Dies vor allem wegen der tief heruntergezogenen Seiten- und extra großen Panoramawindschutzscheibe. In Verbindung mit der Kurzhaube und der oberhalb angebrachten Scheibenwischer ergibt sich eine gute Sicht auf Fahrbahn und Geräte.

Frosch
Scherzhafte Bezeichnung

Eine fahrbereite Designstudie auf Basis der BR 437.4 (UHN) bietet als futuristische Einzelfertigung einen fiktiven Ausblick auf künftige Unimog-Generationen. Die Präsentation erfolgte anlässlich des Jubiläums "60 Jahre Unimog" im Jahr 2011 und bezieht sich auf die grasfroschähnliche Farbgebung. Diese Designstudie des Unimog hat dann den begehrten Preis "red dot award design concept“ in Singapur erhalten.

Froschauge

Scherzhafte Bezeichnung

Unimog mit geschlossenem Fahrerhaus Typ B aus den BR 401 und 402 und anfänglich 411 wurden so genannt wegen der markant hervorstehenden Scheinwerfer. Da diese an die "Glupschaugen" eines Froschs erinnern, wird mitunter auch nur die Kurzform "Frosch" genutzt. Das Fahrerhaus wurde von der Firma Westfalia im Lohnauftrag gefertigt.

Funmog

Verkaufsbezeichnung

So werden exklusive Unimog-Varianten mit mehr Komfort und luxuriöser Ausstattung (Chrom und Velours) für Individualisten und Menschen, die das Außergewöhnliche lieben, bezeichnet. Mit dem auffälligen Freizeitfahrzeug kann man sowohl Boots- oder Pferdeanhänger ziehen als auch standesgemäß im Smoking zum Opernbesuch vorfahren.

Funmog in der Spezialausstattung von UNICAT

Geräteaufbaurahmen

Verkaufsbezeichnung

Erforderliche SA, um beim MB-trac im 3. Geräteanbauraum hinter der Kabine Aufbaubehälter wie Pflanzenschutzgeräte oder Düngervorratstanks zu montieren. Im Gegensatz zum Unimog verfügt der MB-trac in der Regel nicht über eine Spinne oder eine durchgehende Pritsche zum Geräteaufbau.

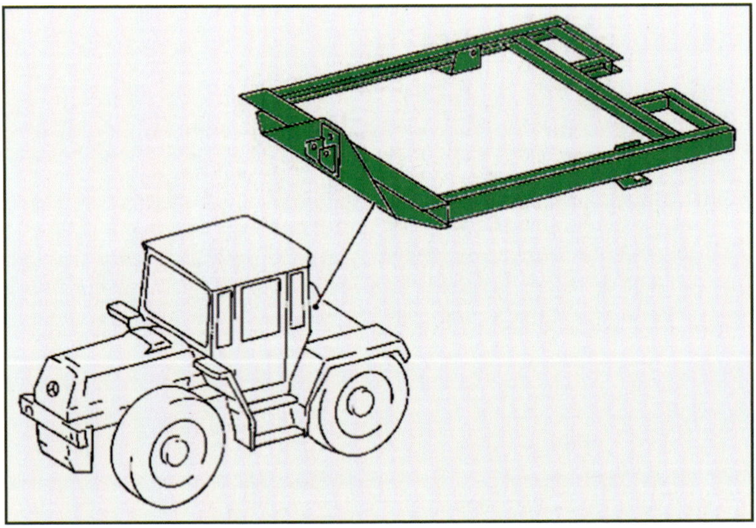

Gerätevorderwagen

Zulieferteil der Firma Stoll, Broistedt

Der Gerätevorderwagen dient zur Aufnahme der Stützlast von Anhängegeräten mit hoher Deichsellast. Rübenvollernter beispielsweise benötigen immer die gleiche Anhängehöhe, unabhängig vom Beladungszustand des Unimog, damit eine gleichbleibende Arbeitstiefe gewährleistet ist. Die Verbindung zwischen unimogseitiger Anhängeschiene und Rahmen muss bei montiertem Gerätevorderwagen gelöst werden, um Gewaltbruch zu vermeiden.

GF
Geräte Freigabe

Die Gerätefreigabe stammt bereits aus den Anfangsjahren des Unimog und ist die Bestätigung für die erfolgte technische Abstimmung zwischen Unimog oder MB-trac und dem An- oder Aufbaugerät. Die GF liegen in gedruckter Form in den Formaten DIN A4 beziehungsweise DIN A3 vor und beinhalten Informationen über Antrieb, Betätigung, Belastung des Unimog, Leistungsbedarf, Mindestlieferumfang des Fahrzeuges und sie bestätigen auch die Einhaltung der StVO.

Geschlossener
Umgangssprachliche Bezeichnung

Gemeint ist damit ein Unimog vor allem aus den BR 421 und 406 mit Ganzstahlfahrerhaus im Vergleich zum offenen Fahrerhaus mit dem sogenannten Allwetter-Faltverdeck. Diese Fahrzeuge waren des höheren Komforts wegen überwiegend für den kommunalen Einsatz vorgesehen.

G-I-K

Segmentbezeichnung

Die Unimog-Verkaufsorganisation war viele Jahre in unterschiedliche Sparten gegliedert. Darunter Agrar, Bau, Feuerwehr, Behörden und natürlich als wichtigste Gewerbe-Industrie-Kommunal (GIK).

GP

Geräte Partner

Der Unimog als Universalfahrzeug ist erst dann vollwertig nutzbar, wenn er mit den zugehörigen Geräten bestückt wird. Weltweit gibt es eine Vielzahl von Herstellern, die allgemein als Gerätepartner bezeichnet werden. Namhafte Hersteller durften sich später einer anspruchsvollen Daimler-Zertifizierung unterziehen und avancierten dann zum Geräte-System-Partner. Für die heutigen BR wurde das System verfeinert und eine Klassifizierung in "Unimog-Partner" und "Expertpartner" geschaffen.

Großes Getriebe

Umgangssprachliche Bezeichnung für das Getriebe UG 2/27

Ist beim U 421 beziehungsweise U 403/406 das Getriebe mit Vorschaltgruppe und Kriechganggruppe ausgestattet, so spricht man von einem großen Getriebe. Sind ausschließlich die 6 Gänge der Serienausführung vorhanden, so handelt es sich um das kleine Getriebe. Erkennbar ist dieses Getriebe an dem Vorhandensein der beiden zusätzichen Schalthebel Nr. 2 und 4

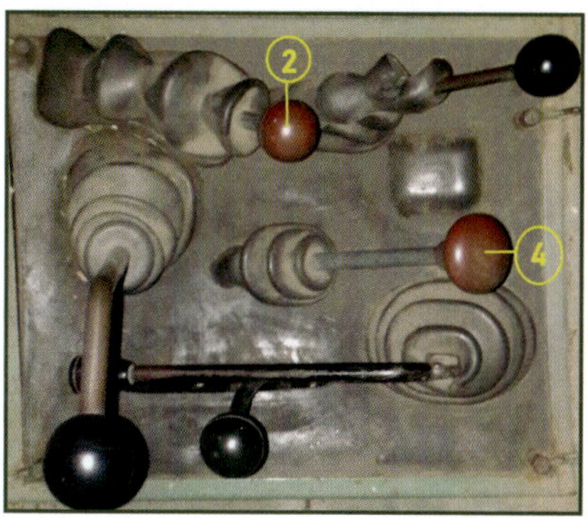

Hardtop

Kfz-technischer Fachausdruck für ein zusätzliches festes Dach bei Cabrios

Um die Vorteile eines offenen Fahrerhauses im Sommer und mit den Annehmlichkeiten eines geschlossenen Fahrerhauses im Winter zu verbinden, wurden für die BR 411, 421, 403/406 und 404 im Zubehörhandel Hardtops entwickelt. Diese sind überwiegend aus Kunstststoff gefertigt. Bekannt sind als Hersteller die Firmen Eller, Westfalia und Hoegen-Dijkhof.

HD

Hoegen Dijkhof

Vertrieb und Service für Unimog und MB-trac in den Niederlanden erfolgte viele Jahre sehr erfolgreich durch den holländischen Generalimporteur dieses Namens. Daraus entwickelte sich noch ein weiteres Geschäftsfeld als Aufbauhersteller für Feldspritzgeräte mit großen Arbeitsbreiten, die auch in Norddeutschland durchaus weit verbreitet waren.

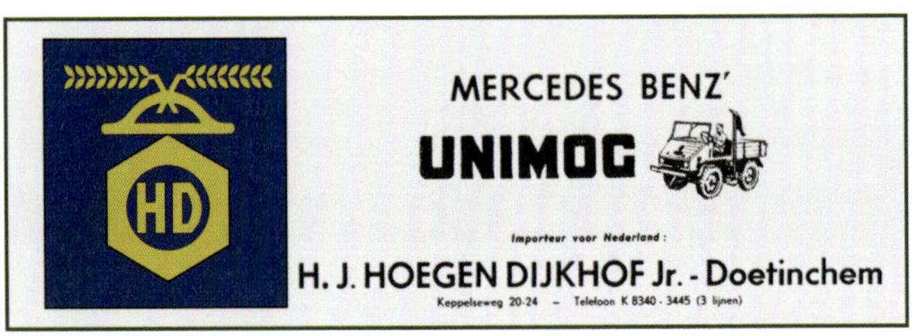

Hecklader

Landtechnischer Fach-Begriff

MB-trac der BR 443 konnten mit einer Rückfahreinrichtung ausgerüstet werden (s. a. Drehsitz). Dadurch bestand die Möglichkeit, Lader nicht nur als Front- sondern auch als Hecklader zu montieren. Der Fahrer hat eine hervorragende Sicht auf die Arbeitswerkzeuge und durch die belastbare Hinterachse sind auch größer dimensionierte Lader möglich. Der MB-trac avanciert so zu einem multifunktionellen Radlader.

Hochdach

Verkaufsbezeichnung

Im Zuge der Weiterentwicklung der Fahrerhäuser wurde für die BR 408-418 sowie 427 und 437 zur Verbesserung des Komforts als SA eine sogenanntes Hochdachvariante angeboten. Damit erhöhte sich für den Fahrer die Kopffreiheit um beachtliche 12 cm. Allerdings wurde auch die Normaldachversion weiter gebaut, da unverändert auch Fahrzeuge mit geringerer Bauhöhe gefordert waren (zum Beispiel Luftverlastung).

Hochgezogener Luftfilter

Landläufiger Begriff für Ansaugkamin

Die Verbrennungsluft für den Motor soll möglichst staubarm sein. Daher wird neben dem Standardluftfilter bei Fahrzeugen mit erhöhter Staubbelastung, zum Beispiel im Agrarbereich, aber auch im Braunkohletagebau und so weiter durch Höherlegung der Luftansaugung in die staubarme Zone als SA ein Ansaugkamin angeboten. Dieser kann dann auch noch zusätzlich mit einem Zyklonvorabscheider (s. Bild) ausgerüstet werden.

Moderner U 5023 (UHE) mit beidseitig hochgezogenen Ansaugkaminen für Motorluft und Kabinenluft aus dem Braunkohletagebau

Hochrad-Unimog

Bezeichnung für Unimog-Umbaufahrzeug

Der Umbau von SBU-Fahrzeugen, aber auch MB-tracs, zur Erhöhung der Bodenfreiheit unter Verwendung von großvolumiger Sonderbereifung war eine Spezialität der Firma Krafft & Co. in Lübeck. Diese verfügte als langjährige UGV einerseits über die erforderliche Unimog-Kompetenz und andererseits über die entsprechende Kundschaft unter den großen holsteinischen Agrarbetrieben.

HPF

Hydropneumatische Federung

Dies ist ein volltragendes Federungssystem, bei dem Hydraulikzylinder mit Stickstoffspeichern die Wirkungsweise der beim Unimog sonst üblichen Schraubenfedern an einer oder beiden Achsen übernehmen. Das System ermöglicht ein immer konstantes Fahrniveau in allen unterschiedlichen Beladungszuständen und das Fahrzeug wird gleichzeitig wankstabilisiert, so dass besonders bei Aufbauten mit hohem Schwerpunkt ein stabiles Fahrverhalten auch bei Kurvenfahrt gewährleistet ist. Entwickelt wurde die Anlage für UGN und UGE von dem Expert-Partner Eggers aus Bremen . Dort wird sie auch nachträglich in die Fahrzeuge eingerüstet.

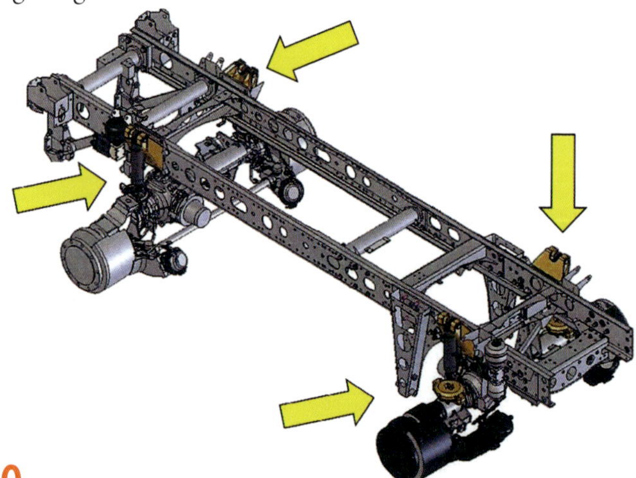

Hunter 2000

Verkaufsbezeichnung

Durch die Firma Werner aus Trier wurden SBU mit einer Spezialausrüstung für Patrouilleneinsätze in der Wüste entwickelt. Ausgerüstet mit nach vorn und hinten wirkender Seilwinde und Reifendruckregelanlage konnten durch eine spezielle Achsübersetzung Geschwindigkeiten bis 140 km/h erreicht werden.

Hutze

technischer Fachausdruck

Unter Hutze versteht man eine Ausbuchtung an der Motorhaube verschiedener MB-trac Baumuster. Die wohl bekannteste Hutze trägt der legendäre MB-trac 1800 intercooler. Dies unterscheidet ihn äußerlich von allen anderen Baumustern der BR 443. Unter der Hutze verbirgt sich die Leitungsführung für den verbauten Ladeluftkühler.

Hydrotronic

Verkaufsbezeichnung

Im Gegensatz zu einer mechanischen Regelhydraulik in Ackerschleppern, war dies beim Unimog wegen der gefederten Hinterachse nicht möglich. Erst die Entwicklung der elektronischen Hubwerksregelung (EHR) durch die Firma Bosch ermöglichte auch im Unimog (MSBU+SBU) den Einbau einer Regelhydraulik. Später umbenannt in "terramatic" konnten damit Anbaugeräte gleichmäßig in Arbeitstiefe oder nach Zugwiderstand geführt werden.

HZL
Hinterachs Zusatzlenkung

Diese Sonderausstattung war werkseitig schon für SBU-Fahrzeuge direkt lieferbar. Heute wird die HZL durch den Expertpartner Paul aus Passau gefertigt und im Werk in UGE-Fahrzeuge verbaut. Die HZL dient zur Erhöhung der Rangierfähigkeit und ermöglicht sowohl Vorderachs- als auch Allradlenkung, ebenso Diagonallenkung (Hundegang) und manuelle Hinterachslenkung.

Intercooler
Verkürzte Typenbezeichnung

Intercooler ist der englische Begriff für Ladeluftkühler. Unter Insidern wird diese Bezeichnung jedoch respektvoll für das MB-trac-Flaggschiff Typ 1800 aus der BR 443 verwendet. Das Fahrzeug ist wegen der begrenzten Fertigung von nur 190 Stück bei Sammlern hochbegehrt und wird utopisch bezahlt.

Jeepão
Liebevolle Respektsbezeichnung

Bei den portugiesischen Soldaten war der Unimog beliebt und gefürchtet zugleich. Geliebt wegen seiner Fähigkeit im afrikanischen Gelände sowohl in der Trocken- als auch der Regenzeit fahren zu können. Gefürchtet, weil er nicht gepanzert war und so keinen Schutz gegen Minen bot. Im Einsatz waren dort BM 411.112, auch in der Langversion BM 411.119, später auch Unimog der BR 404-S.

Jubilar

Ehrenbezeichnung für ein junggebliebenes Geburtstagskind

Am 9. Oktober 1946 stand der erste Unimog auf eigenen Rädern. Mit noblem "Understatement" im äußeren Auftreten weiß der Unimog auch heute, 75 Jahre später, durch seine inneren Werte zu überzeugen. Diese haben sich über all die Jahre nicht verändert: Gleichgroße Räder, Allradantrieb, gefederte Portalachsen, echte Differentialsperren, Frontsitzfahrerhaus, Kipppritsche, An- und Abtriebe vorn, hinten und in der Mitte, Kraftheber, integrierte Geräteaufbauvorrichtungen und ein unübertroffener Fahrkomfort. Damit hat er nicht nur immer wieder technische Maßstäbe gesetzt, sondern war den Entwicklungen der Zeit oft zukunftsweisend voraus. Das beschert ihm zu seinem diesjährigen Jubiläum nicht nur viele begeisterte Kunden weltweit, sondern auch eine überwältigende Anzahl an Followern aus allen Erdteilen. ***Herzliche Gratulation Unimog!***

Kieselgrau

DB-Farbbezeichnung

Farbgebung für die ersten MB-trac der BR 440 bis vom Hersteller DB die Standardlackierung in hellgelbgrün festgelegt wurde. Für MB-trac 65/70 und 800 war die Farbe der Kabine und Motorhaube bis 1979 in Kieselgrau (RAL 7032) gehalten.

MB-trac 65/70 in „kieselgrau" noch im Originallack (rechts) und restauriert (oben)

Kiesgrube

Vormals intern gebräuchliche Bezeichnung für ein Erprobungsgelände

Neben dem bekanntem Vorführgelände Sauberg fanden Unimog-Erprobungen auch in einem 12 km von Gaggenau entfernten Kiesgrubengelände an der B 3 bei Ötigheim östl. von Rastatt statt. Durch bauliche Maßnahmen und Anlage verschiedenster Testfelder wurde daraus ein großzügiges, sehr anspruchsvolles Vorführgelände entwickelt, welches dazu auch landschaftlich sehr gelungen eingebettet ist. Heute wird die "Kiesgrube" Ötigheim für Präsentationen, Vorführungen und Fahrerschulungen vom Werk Wörth aus genutzt und alljährlich von vielen Gästen besucht.

Kipptank

Landtechnischer Fachausdruck

Gemeint sind Aufbaubehälter für Unimog oder MB-trac zum Nachfüllen von Dünger oder Saatgut. Hersteller waren verschiedene Gerätepartner, wie zum Beispiel auch Amazone. Erreicht wird damit eine erhebliche Steigerung der Flächenleistung.

Klappseitenwand

Verkaufsbezeichnung

Es handelt sich um eine SA zur Kipp-Pritsche bei den BR 70200 bis 411 mit deren Hilfe der Entladevorgang von Schüttgütern vor allem bei der Hackfruchternte deutlich erleichtert wird. Durch den Kippvorgang der Pritsche wird über ein Klappgestänge die untere Seitenklappe nach außen geschwenkt und wirkt als Verbreiterung des Pritschenbodens, während sich die obere Klappe frei pendelnd in den Scharnieren bewegen kann.

Klappverdeck
Verkaufsbezeichnung

Von Anbeginn war der Unimog mit einem Faltverdeck konzipiert (siehe Allwetterverdeck). Zusammen mit den seitlichen Steckfenstern, der abknüpfbaren Rückwand, der abklappbaren Windschutzscheibe und den herausnehmbaren Türen konnte sich der Landwirt an die jeweiligen Witterungsverhältnisse beziehungsweise Sichterfordernisse anpassen. Im gefalteten Zustand verschwindet das Verdeck hinter dem Fahrerhaus an der Pritschenvorderwand.

Das Klappverdeck aus imprägniertem Segeltuch kann mit wenigen Handgriffen gefaltet abgelegt oder komplett entfernt werden

Knicknase
Scherzhafte Bezeichnung

Hierunter versteht man die MB-trac Baureihen 442 und 443, die bis 1987 gebaut wurden zur Unterscheidung von den danach gebauten Typen der modifizierten BR 443, die über einen ungeknickten Kühlergrill mit feinmaschiger Optik verfügen und auch ansonsten technisch umfangreich überarbeitet wurden.

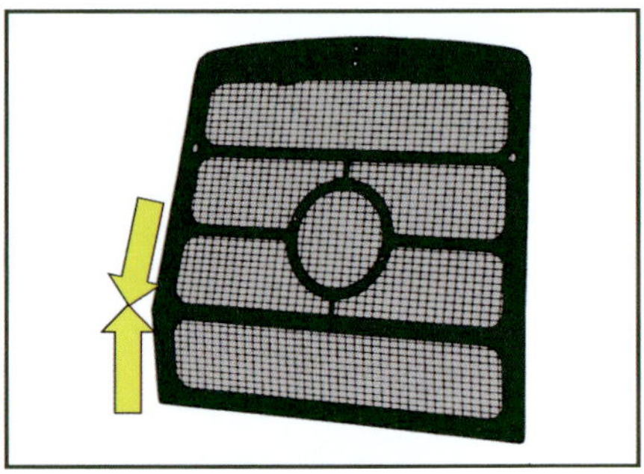

Komfort-Hydraulik

Verkaufsbezeichnung

Diese komfortable Joystick-Steuerung ersetzt in Einhandbedienung mit nur einem Steuerknopf die ansonsten getrennte Betätigung von 4 Hydraulikventilen. Diese SA bei SBU war vor allem in Verbindung mit angebauten Schneepflügen und Mähgeräten im kommunalen Einsatz sehr beliebt.

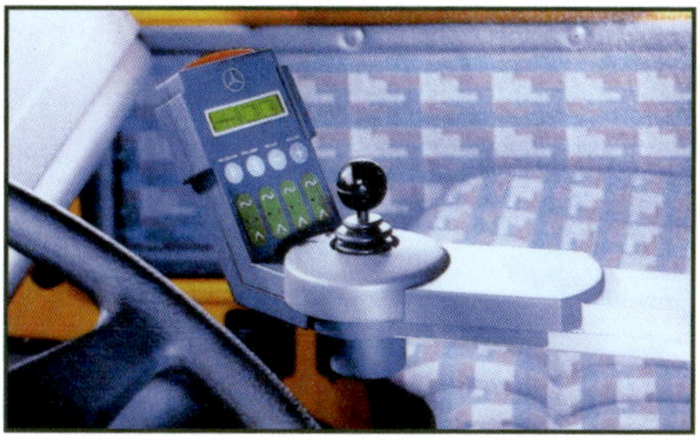

Kraftheber

Landtechnischer Fachbegriff

Andere Hersteller sprechen von Front- oder Heck-Hydraulik oder schlicht nur von Dreipunkt. Bei Unimog und MB-trac wird traditionell schon seit den Anfangsjahren vom Kraftheber gesprochen. Der Kraftheber besteht aus einem oder zwei Hubzylindern, der Hubwelle, den Hubarmen, den Hubstreben und dem Dreipunktgestänge.

Kraffttrac

Bezeichnung für MB-trac Umbaufahrzeug

Zur Erhöhung der Bodenfreiheit und Verlängerung des Rahmens/Radstandes für die Aufnahme größerer Spritzbrühebehälter wurden durch die UGV Krafft aus Lübeck MB-trac aller Baureihen entsprechend umgebaut. Die Erfordernis ergab sich durch den gewünschten Einsatz in hochwachsenden Ackerbaukulturen, wie dem in Norddeutschland weit verbreiteten Raps. Diese Umbauten kann man als konstruktive Grundlage des ähnlich konzipierten Damman-Tracs ansehen.

Krettomog

Scherzhafte Bezeichnung

Der leicht geringschätzige Unterton für diesen Prototyp des MB-trac, benannt nach dessen geistigem Vater Gustav Krettenauer, ist unüberhörbar und beruht auf der Führungsentscheidung, das MB-trac Projekt nach fast fertiggestellter Konstruktion einzustellen. Erst mit der überraschenden Präsentation auf der DLG Wanderausstellung 1972 in Hannover und dem bekannt grandiosen Erfolg kam es zur Serienfertigung. Damit war der Konstrukteur schlagartig in Ehren rehabilitiert.

KRKW
Krankenkraftwagen

Bei Militäreinsätzen werden zwangsläufig sehr geländegängige Rettungfahrzeuge benötigt. Die Bundeswehr beschaffte als KRKW anfangs Unimog der BR 404 und später auch der BR 435, die überwiegend bis heute noch im Dienst sind. Dabei handelt es sich um Kofferaufbauten mit einem Tragensystem für vier liegend Verwundete. Derzeit ist die Ersatz-Beschaffung von KRKW durch Unimog der BR 437.4 in der Überlegung.

L
Zusatz zur Typenbezeichnung

Häufig wird vermutet, das "L" steht für "Lkw", wenn das Fahrzeug keine Zugmaschine ist, oder für "Lang" bei Unimog mit langem Radstand. Bei unten stehendem Beispiel aus der BR 427 bedeutet es, dass ein Typ U 1450 einen etwa 50 cm längeren Radstand hat als ein U 1400. Ein U 1450 L dagegen verfügt über den gleichen Radstand, hat jedoch zusätzlich einen hinteren Rahmenüberstand von ca. 30 cm. Diese Fahrzeuge sind damit besonders für lange Aufbauten wie für Feuerwehr, Wohnmobile oder Militär geeignet.

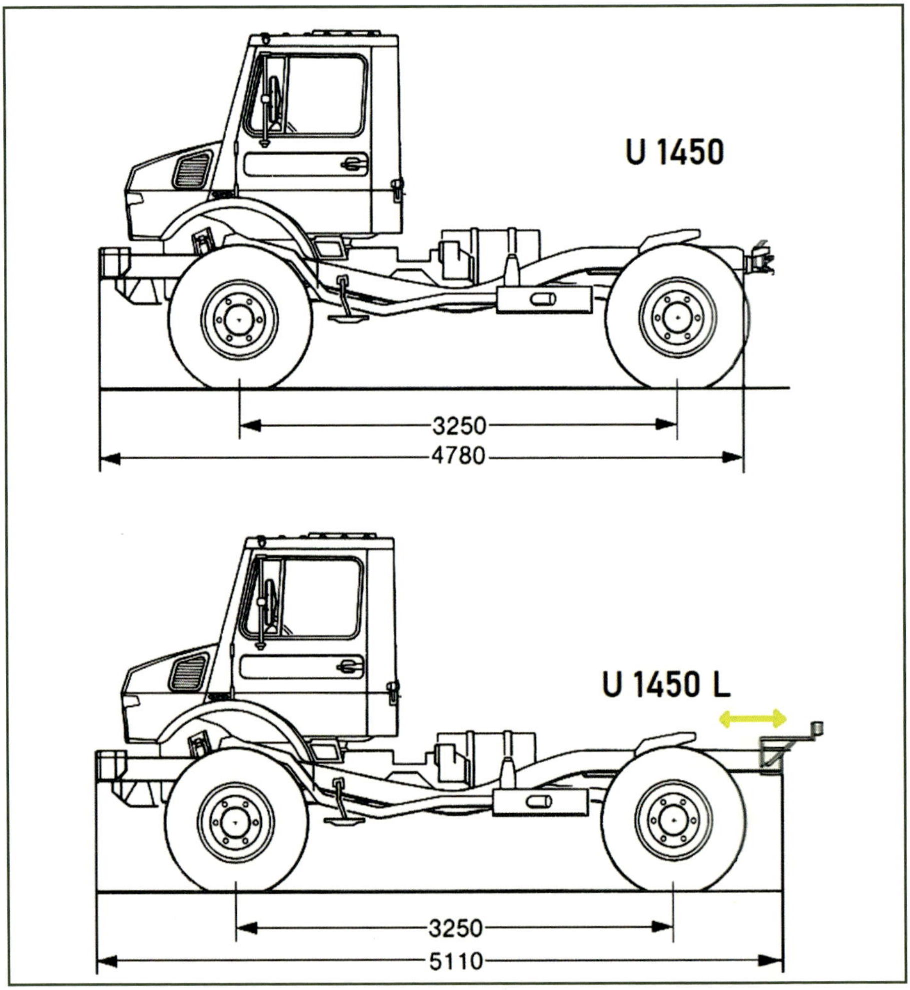

L 37

Zusatz zur Typenbezeichnung

Unimog der BR 437.1 unterlagen der gleichen Typisierung wie bei der BR 427 dargestellt. Zusätzlich zu der Kennung "L" waren hier aber noch extralange Radstände lieferbar. Beim Typ U 1550 L37 mit 3,70 m und bei den Typen U 2150 und 2450 L38 mit 3,85 m.

U1550L/37
All Wheel Drive Unimog

Lanc-Trac

Lancaster Tractor

Aus MB-trac der BR 440/441 mit nach vorn versetzter Kabine ergeben sich durch den vergrößerten Aufbauraum leistungsfähige Trägerfahrzeuge, zum Beispiel als selbstfahrendes Pflanzenschutzgerät. Hersteller in diesem Fall war die Firma Lancaster Crop Sprayers aus New Yorkshire, England. Dabei handelt es sich um eine regionale Parallelentwicklung zum in Deutschland verbreiteten Damman-Trac.

Landstar

Typenbezeichnung für U 100 L in UK

Die Unimog Vertriebsorganisation in Tongwell, Milton Keynes (Großbritannien) hatte besonders gute Erfolge im Verkauf der Baureihen 408/418. Gerade der Typ U 100 L war in der Energiewirtschaft wegen seiner geringen Betriebskosten sehr beliebt und erhielt daher aus diesen Kreisen die ehrenvolle Auszeichnung "Landstar". In Folge davon wurden Unimog für dieses Segment mit einer entsprechenden Kühlerbeschriftung versehen.

LBHG

Land- und Baumaschinen Handelsgesellschaft = ehemals UGV in Rendsburg, heute Land & Bau GmbH

Die Land- und Baumaschinen Handelsgesellschaft entstand 1962 aus dem Zusammenschluss von vier UGV aus Rendsburg, Malente, Marne und Niebüll. Die LBHG war somit die Unimog-Generalvertretung für den grössten Teil von Schleswig-Holstein und später auch für Hamburg. 2002 erfolgte aus wirtschaftlichen Gründen die Umfirmierung mit anderen Gesellschaftern auf den heutigen Namen.

LBU

Hersteller-Bezeichnung für Leichte Baureihe Unimog

Im Zuge der ständigen Weiterentwicklung des Unimog und dem Trend zu immer höheren Motorleistungen verschwimmen im Lauf der Jahre auch die Begrifflichkeiten. Was ehemals als schwer galt, heißt dann mittelschwer und mittlere Baugrößen werden zur leichten Baureihe herabgestuft. Hier ist die BR 408 gemeint, die von 1992 bis 2001 gefertigt wurde und die Typen U 90 und U 100 L umfasste.

LESA

Leo Sauer

Die Firma LESA aus Schevenhütte bei Aachen war Spezialist für Unimog-Umbauten. Unter anderen wurden diverse Anwendungen für den Einsatz unter Tage sowie mit Schwerlastkipppritsche realisiert. Auch ein Dreiachsfahrzeug auf Basis U 416 unter der Bezeichnung LUF III wurde dort entwickelt.

Loctrac

Locomotiv Tractor

Zweiwegefahrzeuge für Straße und Schiene der Firma Zweiweg aus Rosenheim auf Basis von Unimog oder MB-trac wurden unter dieser Bezeichnung weltweit vermarktet. Im Vergleich zu konventionellen Rangierloks ergeben sich Vorteile hinsichtlich geringerer Kosten als auch durch die Mehrfachnutzung im Einsatz mit Anbaugeräten für Sommer- und Winterdienst.

Zweiwege MB-trac aus der BR 443

Lokomog
Lokomotiv Unimog

Die Maschinenbaufirma Adolf Ries aus Bruchsal fertigte neben verschiedenen An- und Aufbaugeräten zum Unimog auf dieser Basis auch Zweiwegefahrzeuge. Unter der Bezeichnung Lokomog wurden sowohl aus der BR 406 als auch SBU Fahrzeuge für den kombinierten Straße-Schiene-Einsatz verkauft. Die Schienenführung erfolgte entweder mit Eisenbahnprofil-Rädern oder mit Gelenkrollen-Spurhaltern.

U 1200 T Triebkopf mit Tandemachsfahrgestell

Luftmaschine
Insiderbegriff

Unimog der BR 411 kann man auf den ersten Blick nicht ansehen, ob sie über einen pneumatischen oder ölhydraulischen Kraftheber verfügen, der erst ab 1961 eingeführt wurde. Im Gegensatz zu Standardackerschleppern war der schnelllaufende Unimog von vornherein auch für die Verwendung mit druckluftgebremsten Anhängern vorgesehen. Die hierzu erforderliche Druckluftbeschaffungsanlage ließ sich insofern folgerichtig auch kostengünstig für andere Anwendungen, wie eben Kraftheber und Kipppritsche nutzen.

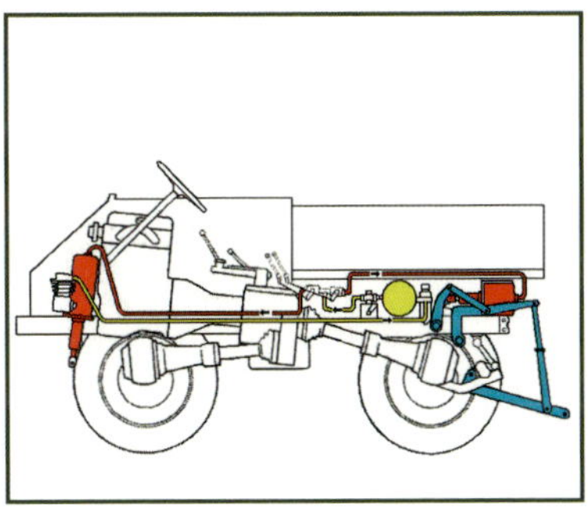

Luftpritsche

Insiderbegriff

Diese nur zweiseitig kippbare Pritsche mit Stahlboden gehörte bei den BR 70200, 2010, 401 und 411 bis 1961 zu den lieferbaren Sonderausstattungen. Als eigenständiges Bauteil konnte sie auf die bestehende Holzpritsche aufgesetzt werden. Die vorhandenen Bordwände waren weiterhin verwendbar. Analog zur pneumatischen Kraftheberanlage erfolgte der Kippvorgang mit einem nur schwer dosierbaren Druckluft-Teleskopzylinder.

LUG

Leichter Unimog Geräteträger

Mit der neuen BR 405, Typ U 20, die das bestehende Unimog-Produktangebot nach unten hin ergänzen sollte, verfügte Mercedes-Benz ab 2008 über ein ideales Trägerfahrzeug für kleine und mittlere Kommunen sowie Garten- und Landschaftsbaubetriebe. Der kompakte Geräteträger wurde zu einem vergleichsweise günstigen Preis angeboten und nutzt Fahrgestell und Antriebstechnik des klassischen Unimog (UGN), jedoch mit einem auf 2,70 m verkürzten Radstand (Abbildung zeigt Vorserienfahrzeug).

M

Daimlerabkürzung für Benzinmotoren

Motoren für Ottokraftstoff (Benzin) werden im Daimler-Konzern mit dem Buchstaben M (Motor) und einer Zahlenkombination benannt. Fälschlicherweise wird dagegen oft angenommen, die Abkürzung OM stünde für Otto-Motor. Der Vergasermotor im Unimog S trägt zum Beispiel die Bezeichnung M 180. II-U (siehe Abbildung). Damit nimmt er eine Ausnahmestellung innerhalb der Unimog-Baureihen ein. Alle anderen Unimog werden von Dieselmotoren angetrieben.

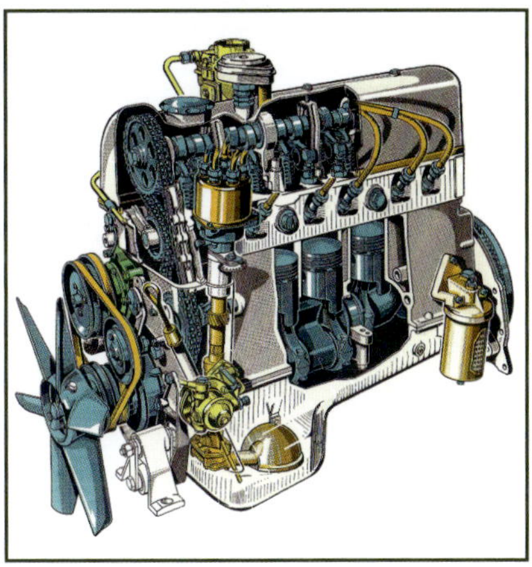

Mähtür

Verkaufsbezeichnung für Sonderausstattung

Anstelle der rechten (oder linken) Fahrerhaustür kann bei fast allen bisherigen und aktuellen Unimog-Baureihen eine Mähtür eingebaut werden. In Verbindung mit einem drehbaren Sitz hat der Bediener dadurch optimale Sicht auf das Arbeitswerkzeug und gleichzeitig ausreichend Beinfreiraum. Anfangs von der der Firma Mulag entwickelt, wird die Mähtür heute als SA von Daimler geliefert.

Maisgrill

Landläufige Bezeichnung

Unter der Bezeichnung "landwirtschaftliche Vorbauklappe" war für Unimog aus der schweren BR 437.1 und der BR 427 ein besonders feinmaschiges Grill für den Kühler lieferbar. Damit sollte die Verschmutzung der dahinter eingebauten Kühler deutlich vermindert werden. Dies war insbesondere beim Einsatz mit Frontmulchgeräten oder bei der Maisernte eine deutliche Verbesserung, da die zeitaufwendigen Reinigungsintervalle so herabgesetzt werden konnten.

Maisschnauze

Scherzhafte Bezeichnung

MB-trac der BR 443 mit der sogenannten "Knicknase" verfügten standardmäßig über ein relativ grobmaschiges Kühlergrill. Häckselstroh, Heu oder trockene Lieschblätter vom Mais führten dadurch häufig zum Zusetzen der Kühlerlamellen. Als SA beziehungsweise Nachrüstmöglichkeit wurde für diese Fälle vom Hersteller ein feinmaschiges Vorsatzgrill angeboten. In Verbindung mit dem negativen Anstellwinkel konnte der Verschmutzungsgrad dadurch erheblich herabgesetzt werden. Die "Maisschnauze" trägt keinen Mercedes-Stern.

Mauser-Kabine

Verkaufsbezeichnung

Sonderkabine des Zulieferers Walter Mauser für die MB-trac BR 440, 441 mit besonders niedriger Silhouette. Damit wurde insbesondere Futterbaubetrieben die Möglichkeit verschafft, mit einem modernen Schlepper auch ältere Stallanlagen mit oftmals geringer Durchfahrtshöhe zum Füttern zu befahren. Später gab es eine Niedrigkabine für den MB-trac auch von Daimler direkt ab Werk.

MaxiMog®

Maximal Unimog

Anfänglich verstand sich darunter ein Unimog der BR 418, der im New Yorker "Museum of modern Art" im Jahr 2001 als Kunstobjekt ausgestellt war. Dabei handelte es sich um eine Einzelanfertigung von Unicat aus Dettenheim für einen Kunden zum späteren Einsatz als hochgeländegängiges Wohnmobil im kalifornischen Death Valley. Heute werden von der Firma vergleichbar durchgängig karossierte Unimog auf der Basis BR 437.4 (UHN) als Edelgeländewagen für Individualisten angeboten.

MB 4/94

Mercedes-Benz 4 wheel drive/94 PS (SAE)

Hinter dieser Typ-Bezeichnung verbirgt sich ein amerikanisierter U 406 für Nordamerika im Vertrieb der Firma CASE. Zur Pflichtausstattung gehörte in den USA ein massiver Umsturzbügel. Dazu wurde eine Pritsche mit Tiefbett zwischen den Hinterrädern und ein kräftig dimensionierter Heckkraftheber mit Hitchkupplung konstruiert.

MB-trac

Mercedes-Benz Tractor

Dieser legendäre Traktor aus "Gaggenauer Manufaktur" wurde überwiegend aus Unimog-Komponenten von 1973 bis 1991 in vier BR (440–443) gebaut. Der Leistungsbereich umfasste 65 bis 180 PS. Insgesamt wurden 41.365 Einheiten gebaut von denen nach Schätzungen heute noch mindestens über die Hälfte im Einsatz sein sollen.

Auch auf Baustellen waren MB-trac im vielfältigen Einsatz, hier zwei BR 443

MBU
Mittlere Baureihe Unimog

Zusammen mit der BR 408 wurde auch die BR 418 vorgestellt. Dazu gehören die Typen U 110, U 130 und U 140 mit unterschiedlichen Radständen und Motorleistungen. Die Fahrzeuge waren lieferbar mit oder ohne Sichtkanal beziehungsweise Hochdach. Die Produktion endete 1998 nach nur sechs Jahren Bauzeit. Ein vielversprechender Militärauftrag konnte damals nicht realisiert werden.

ME 80/0
Werksinterne Projektbezeichnung: M (steht für Benzinmotor) E (steht für Entwicklung) eines Unimog mit Höchstgeschwindigkeit 80 km/h

Dahinter verbirgt sich ein erster Prototyp des späteren Unimog S aus dem Jahr 1953, mitunter auch als MU 80/0 bezeichnet. Die konstruktive Ableitung vom bereits vorhandenen U 2010 mit ungekröpftem Leiterrahmen und nur 50 cm verlängertem Radstand ist sehr deutlich erkennbar.

Mister Unimog

Respektsbezeichnung

Gemeint ist der langjährige Leiter des PBU in Gaggenau, Hans-Jürgen Wischhof, Landwirtssohn aus Holthusen bei Uelzen in Niedersachsen, Ehrenmitglied des UCG und engagierter Förderer des Unimog bis heute. Unter seiner Verantwortung waren sowohl für den Bestand des Unimog als auch des MB-trac schwierige und sehr weitreichende Entscheidungen zu treffen.

Mittelschalter

Fachausdruck

Beim Unimog befinden sich sämtliche Schalthebel traditionell in Fahrzeugmitte rechts neben dem Fahrersitz. Beim MB-trac sitzt der Fahrer annähernd mittig, somit befanden sich bei der ersten BR 440, die noch die engste Verwandschaft zum Unimog erkennen lässt, alle Schalthebel auch in der Fahrzeugmitte zwischen den Beinen des Fahrers. Später wurden diese zur Seite verlegt, siehe auch "Seitenschalter".

Mogtrac

Fahrzeugumbau als Kombination von Unimog und MB-trac

Verwendung eines U 416-Fahrgestells und Aufbauteile von MB-trac BR 440/441 durch die Firma Krafft, Lübeck. Dieses im Kundenauftrag als Einzelstück gefertigte Fahrzeug sollte die guten Eigenschaften des MB-trac mit den Schnellläufer-Vorteilen des Unimog verbinden.

MSA

Modulare Schutzausstattung

Panzerung für Unimog-Fahrerhäuser U 1300 L (BR 435) der BW. Äußerlich erkennbar ist sie an dem zusätzlichen Panzerriegel unterhalb der serienmäßigen Windschutzscheibe. Auch ist die Drehringlafette mit Panzerplatten (dem sogenannten Krähennest) geschützt. Innerhalb der Fahrerkabine sind Rückwand und Türen ebenfalls mit Panzerplatten gesichert. Da keine Fenster geöffnet werden können, ist eine Klimaanlage eingerüstet.

MSBU
Mittelschwere Baureihe Unimog

Hierzu gehören die BR 424, 427 mit den Typen U 1000 - U 1650 L. Hier gezeigt am Beispiel eines U 1000, erkennbar an der Mittelsicke auf der Motorhaube sowie den beidseitig hervortretenden Hörnern.

MSS

Modulare Splitterschutzausstattung

Geschütztes Unimog-Fahrerhaus bei U 1300 L (BR 435) der BW. Die MSS wurde in Fahrzeuge für Auslandseinsätze eingerüstet. Äußerlich ist sie an der geänderten gepanzerten Windschutzscheibe und den gepanzerten Scheiben in den Türen zuerkennen, die elektrisch beheizbar sind. Auch eine Klimaanlage sowie beidseitig beheizbare Spiegel wurden eingerüstet.

Multimix

Verkaufsbezeichnung

An U 406 angebaute Bodenfräse der Firma Howard zur Bodenstabilisierung mit Bindemitteln wie Kalk oder Zement. Zum kompletten Einbauzug gehört noch der auf dem Unimog montierte Bindemittelverteiler. Herstellung und Vertrieb lag in Händen der Firma Klaus-Gerd Hoes, ehemals UGV in Oldenburg.

Nebenabtrieb

Kfz-technischer Fachausdruck

Unimog können neben den Zapfwellen noch mit sogenannten Nebenabtrieben ausgestattet werden. Diese stehen für unterschiedliche Anwendungen mit verschiedenen Drehzahlen für Fremdaufbauten zur Verfügung: zum Beispiel – N 06 = sehr schneller Motorzapfwellenabtrieb für Feuerlöschpumpen zum Löschangriff während der Fahrt ("pump and roll"), – N 16 = schneller Nebenabtrieb zum Antrieb für Hydraulikpumpen für Bagger oder Krane, – N 17 = sehr schneller Nebenabtrieb für Heckpumpen in Tanklöschfahrzeugen.

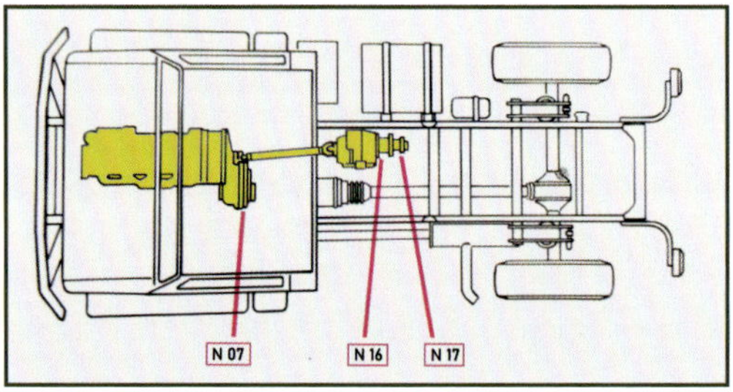

Neckermann-Pz

Scherzhafte Bezeichnung im Soldatenjargon in Anlehnung an ein bekanntes deutsches Versandkaufhaus aus dem 20. Jahrhundert

In der Aufstellungsphase der Bundeswehr, als noch nicht genügend gepanzerte Kettenfahrzeuge vorhanden waren, wurden der Truppe in den 1960er Jahren für Übungszwecke kostengünstige Pz-Attrappen zur Verfügung gestellt. Diese basierten sowohl in der Version als Kampf- wie auch als Schützenpanzer HS 30 auf Fahrgestellen des Unimog S. Der Aufbau erfolgte durch Kässbohrer. Insgesamt wurden 532 Üb-Kampfpanzer und 881 Üb-Schützenpanzer beschafft.

Neue Achse

Unterscheidungshinweis auf verschiedene Achskonstruktionen bei BR 411

Die neue Achse ist eine modifizierte Achsvariante des U 406 und wurde verbaut ab 1963 bei U 411 b + c. Sie ist leicht erkennbar an dem nicht mehr vorhandenen, vorspringenden Radnabenstummel der sogenannten alten Achse. Die neue Achse ist stabiler, preiswerter und leichter zu warten.

Niedersachsentanker

Fachbegriff aus dem Feuerlöschwesen

Gemeint ist das TLF-W auf U 1300 L, das nach der verheerenden Waldbrandkatastrophe 1975 in Niedersachsen durch das Land in großen Stückzahlen beschafft wurde. Da für adäquate Ersatzbeschaffungen aus den BR UHN/UHE die erforderlichen Haushaltsmittel oftmals nicht bereitgestellt werden, stehen viele U 1300 L bis heute nach über 40 Jahren noch immer im Dienst.

Niedrigkabine

Verkaufsbezeichnung für SA

Für die MB-trac der Typen 700–1000 war als Sonderausstattung die Mercedes-Benz Niedrigkabine lieferbar. Überall wo eine verringerte Schlepperhöhe erforderlich ist, bietet sich diese Lösung an. Obwohl die Bauhöhe im Vergleich zur Serienkabine um 17 cm geringer war, sollte dennoch auch für den großen Fahrer genügend Kopffreiheit gegeben sein. Die bisher lieferbare Mauser-Kabine hatte nunmehr an Bedeutung verloren.

Nordische Kombination

Geflügeltes Wort

Im Früh- oder auch ausklingenden Spätwinter sieht man in Norddeutschland häufig Unimog, die mit Frontausleger-Mähgerät oder -Heckenschere arbeiten, gleichzeitig aber noch den aufgebauten Salzstreuer zur frühmorgendlichen Glättebekämpfung tragen. In Anlehnung an die Königsdisziplin des Skisports (Kombination aus Skispringen und Skilanglauf) spricht der Straßenmeister auch hier von der Nordischen Kombination.

Nor Mog

Norwegen Unimog

Unter dieser Bezeichnung firmiert der norwegische Vertriebspartner für Unimog in Fetsund östlich Oslo. Auf dessen Iniative in Zusammenarbeit mit dem dortigen Importeur Bertel O. Steen und Daimler wurde primär für Norwegen, aber auch für einige andere EU-Länder, eine Traktorzulassung für den Unimog erreicht. Damit unterliegt dieser nicht mehr diverser Auflagen, die sonst nur für Lkw gelten wie Führerscheinklasse, Lenk-/Ruhezeiten und so weiter.

Ochsenblut

Seltener Farbton mit der DB-Nr. 3575 für U 411, auch "chasissrot" genannt

Diese seltene, rotbraune Farbe wurde zwischen 1958 und 1960 beim Typ 411 verwendet. Lackiert sind damit das komplette Chassis mit Stoßstange, Tank, Batteriekasten, Luftkessel und Dreipunktgestänge. Auch die Radfelgen waren dann in dieser Farbe gehalten. Dort wurde die Farbe bis 1964 beibehalten.

Ochsenkopf

Markenzeichen der Gebr. Boehringer für den Unimog

Der stilisierte Ochsenkopf mit Hörnern in Form eines „U“ sollte auf der Motorhaube der Unimog BR 70200 die urtümliche Kraft des Ochsen, als damals noch weit verbreitetem Zugtier, symbolisieren. Auch die danach bei Daimler gebauten Unimog trugen anfänglich noch das Ochsenkopflogo und keinen Stern. Nachdem der Ochsenkopf als Symbol für den Unimog über "Generationen" bedeutungslos geblieben ist, wird aktuell für die derzeitigen BR in vielfältiger Weise wieder damit geworben. Auch das offizielle Logo für den Anlass 75 Jahre Unimog im Jahr 2021 zeigt den Ochsenkopf.

Der Ochsenkopf ziert hier die Beifahrertür eines modernen U 430 (UGE) der Generalvertretung Ahlborn aus Hildesheim

Offener

Abkürzender Fachterminus

In dieser Kurzform spricht man zur Unterscheidung von Unimog mit geschlossenem Fahrerhaus, auch wenn das Faltverdeck geschlossen bleibt. Konstruiert war der Unimog von Anfang an nur mit offenem Fahrerhaus, das mehre abgestufte Frischluftmöglichkeiten bot: Aufknüpfen der Rückwand, Entfernen der Steckfenster ein- oder beidseitig, Öffnen des Verdecks und Zurückklappen oder komplettes Entfernen, Abnehmen der Türen, Umlegen der Frontscheibe.

Ölmaschine

Abkürzender Fachterminus

Dieser Begriff bezieht sich ausschließlich auf Unimog der BR 411, die anfangs mit einem pneumatischen Kraftheber ausgestattet waren. 1961 kam zur weiterhin möglichen Druckluftanlage, die für das Bremsen von Anhängern gebraucht wird, eine Ölhydraulik mit Pumpe, Ölbehälter, zwei Steuergeräten und Steckeranschlüssen vorn und hinten dazu. Die Pritsche wurde von einem numehr feindosierbaren Teleskopzylinder dreiseitig kippbar. Hierzu konnte die "Drücken"-Leitung des Heckkrafthebers wechselweise auch am Kippzylinder angeschlossen werden.

OM

Oel Motor

Daimler-Bezeichnung für Dieselmotoren, zum Beispiel OM 636 im U 411 , OM 352 im U 406 und OM 366 in SBU und vielen MB-trac. Im Unterschied dazu werden Benzinmotoren nur mit "M" benannt, wie M 180 im U 404 S

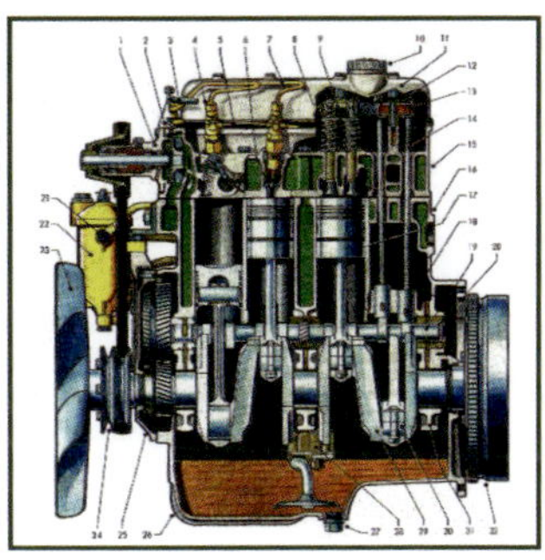

Panoramakabine

Verkaufsbezeichnung

Spezielles Zurüstteil für offene Fahrerhäuser der BR 406/416 von der Firma Mulag. In Verbindung mit einer höheren Windschutzscheibe und größeren Steckfenstern ergibt sich der Komfort eines geschlossenen Fahrerhauses mit deutlich verbesserter Kopffreiheit. Hergestellt wurde die Kabine von der Firma Eller aus Sinzheim.

PBU

Produktbereich Unimog

Abteilungsbezeichnung in der alten Konzernstruktur, später auch GBU = Geschäftsbereich Unimog. Wichtige Abteilungen waren PBU/BPS (Produktstrategie), PBU/E (Entwicklung), PBU/PRD (Produktion), PBU/VA (Vertrieb Ausland), PBU/VI (Vertrieb Inland), PBU/VS (Vertrieb Service) und PBU/VF (Verkaufsförderung). Das Foto zeigt das Tor 1 des Werkes Gaggenau, wo bis 2002 der Unimog-Bereich beheimatet war.

Pneumopower

Verkaufsbezeichnung

Bei MB-trac der BR 440 und 441 sowie bei Unimog der BR 407, 417 und 419 wurde beginnend mit dem MB-trac 900 die Schaltung von Zwischengängen pneumatisch betätigt. Hierzu konnte am Hauptschalthebel eine Schiebemuffe genutzt werden, mit der die Gangauswahl vorgewählt wurde. Beim vollständigen Durchtreten des Kupplungspedals wurde dann der Schaltvorgang mit Druckluft ausgelöst. Im Armaturenbrett zeigte eine grüne Kontrolleuchte den eingelegten Zwischengang an.

Portalachse

Technischer Fachausdruck

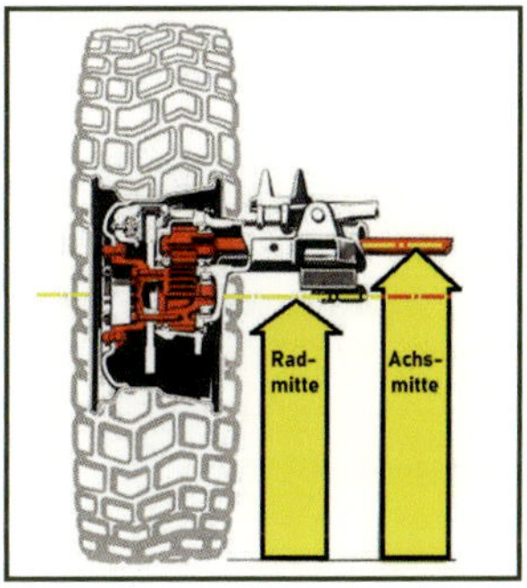

Bei der Portal-Konstruktion liegen Achsrohr und Differential über der Radmitte. Das ergibt eine extrem hohe Bodenfreiheit bei niedrigem Schwerpunkt. Hindernisse bis zu einem halben Meter Höhe können vom Unimog problemlos überfahren werden.

Powerstar

Synonym für den damals stärksten Stern auf Deutschlands Äckern

Ende 1991 hat der Produktbereich Unimog mit dem U 2100 A Powerstar (BM 437.105) mit 214 PS seinen bisherigen Sternen auf dem Acker die Krone aufgesetzt. Niemals zuvor hatte Mercedes-Benz einen stärkeren Ackerschlepper gebaut, der nun nach dem Wegfall des MB-trac die enstandene Lücke in der Landwirtschaft füllen sollte.

Prüfkarte

Service-Bezeichnung

Die Unimog- oder auch MB-trac-Prüfkarte soll sich im Fahrerhaus in Griff- und Sichtweite des Fahrers befinden. Sie beinhaltet eine Checkliste an Tätigkeiten, die jeweils vor Fahrtantritt im Hinblick auf Betriebs- und Verkehrssicherheit durchzuführen sind. Diese Prüfkarten gibt es auch in grüner Farbgebung.

Puff-Paff-Schaltung

Scherzhafter Begriff

Bei MB-trac der BR 440 und 441 sowie bei Unimog der BR 407 und 417 wurde beginnend ab 1982 die Schaltung von Zwischengängen pneumatisch betätigt. Hierzu konnte am Hauptschalthebel eine Schiebemuffe genutzt werden, mit der die Gangauswahl vorgewählt wurde. Beim Auskuppeln wurde dann selbsttätig in den Zwischengang herunter oder wieder heraufgeschaltet. Das dabei entstehende Zisch- und Klackgeräusch führte zu diesem Insiderbegriff (siehe auch „Pneumopower“).

Pump and Roll

Feuerwehrtechnischer Fachausdruck

Der Anwendungsfall "Pump und Roll" kommt bei Unimog vor, die hauptsächlich bei der Wald- oder Flächenbrandbekämpfung eingesetzt sind. Man versteht darunter das langsame Fahren (vorwiegend im Gelände) bei gleichzeitigem Antrieb der aufbauseitigen Wasserpumpe. Der Unimog benötigt dafür einen motorabhängigen Nebenabtrieb. Darüber kann der Pumpenantrieb dann unabhängig von der Fahrsituation erfolgen.

Ratgeber

Unimog Kundenzeitschrift

Von 1953 bis 1971 wurde die Unimog-Kundenzeitschrift als Ratgeber betitelt. Es erschienen in der Regel vier Ausgaben pro Jahr, für den internationalen Markt meistens auch auf englisch, französich und spanisch. Die Herausgabe erfolgte lückenlos bis 2012, wobei der Titel sich mehrfach änderte. Seit 2016 bis heute erscheint in Nachfolge des alten "Ratgebers" das Unimog Magazin. Von 1953 bis 2020 wurden insgesamt 208 Ausgaben herausgegeben.

RDA
Reifendruck Regelanlage

Der Unimog verfügt auf Wunsch über eine technisch anspruchsvolle Reifendruckregelanlage. So kann aus dem Fahrerhaus während der Fahrt separat für jede Achse oder zentral für alle Reifen der Luftdruck erhöht oder gesenkt werden. Damit wird einerseits eine Vergrößerung der Reifenaufstandsfläche und damit geringere Spurtiefe sowie Erhöhung der Traktion auf weichen Untergründen erreicht. Andererseits ist danach auch für Straßenfahrten schnell wieder ein höherer Luftdruck eingestellt. Diese Anforderung ist daher besonders wichtig unter anderen bei Waldbrandtanklöschfahrzeugen oder auch in der Landwirtschaft mit ständigem Feld-Straße-Wechsel.

Rechteckscheinwerfer
Technikbegriff

Der MB-trac 900 in der Mittelschalterversion erhielt im Unterscheid zu den übrigen Fahrzeugen der kleinen Baureihe zur optischen Hervorhebung eckige Scheinwerfer, die aber auch im Grill eingelassen waren. Später erhielten alle MB-trac in der Seitenschalterversion Rechteckscheinwerfer außerhalb des Kühlergrills.

RKF

Eigenname

Vollständig: RKF Bleses = Firmenbezeichnung nach Zusammenschluss der ehemaligen UGV Kleine, Fasieco, Bleses und Lueg in NRW, wobei das "R" für RCG (RaiffeisenCentralGenossenschaft), das "K" für Kleine und das "F" für Fahrzeugtechnik Bleses steht.

RKF BLESES

Rollplane

Fachausdruck

Die ersten MB-trac-Fahrzeuge der BR 440 verfügten über eine Fahrerhausrückwand aus PVC mit eingelassenem Fenster. Diese war bei Bedarf aufrollbar und ermöglichte so den ungehinderten Blick auf Anbaugeräte, welches gerade bei landwirtschaftlichem Einsatz eine Forderung der Praxis war. Im Zuge der Weiterentwicklung wurde dann aber doch als höherwertige Lösung eine "feste Rückwand" mit einem Kurbelfenster angeboten.

Rucksack

Scherzhafte Bezeichnung aus der Unimog-Entwicklung

Darunter versteht sich eine Ausbuchtung der Fahrerhausrückwand am U 5023 UHE (BR 437.4) der Bundeswehr. Hiermit wird für die Besatzung mehr Stauraum geschaffen zur Unterbringung der persönlichen Ausrüstung im Fahrzeug.

Ruthmann

Namhafter Fahrzeugbauer aus Gescher/Westfalen

Von Ruthmann spricht man unimogintern als Synonym für Triebkopffahrzeuge der BR 411-437 mit angebauten Niederflur- oder Schräghubwagen. Vergleichbare Anbauten gab es auch von anderen Herstellern, die mitunter fälschlicherweise ebenso bezeichnet werden. Im Bild ein Unimog-Triebkopf der BR 417 mit Ruthmann Hinterwagen.

S

Unimog Sonder

Nach dem U 401 erfolgte die Entwicklung einer zweiten Baureihe, die als Leicht-Lkw für nichtlandwirtschaftliche Zwecke vorgesehen war und daher als Sonderbaureihe bezeichnet wurde. Zielgruppe war das Militär, weshalb kein Diesel- sondern ein Ottomotor verwendet wurde. Mit insgesamt 64.242 hergestellten Fahrzeugen ist der Unimog S aus der BR 404 bis heute der meistgebaute Unimog. Im Bild ein Unimog S mit geschlossenem Führerhaus als Trockenlöschfahrzeug mit Pulverlöschaufbau von Total.

U 404 S vom Werkselbstschutz der Daimler-Benz AG

Safariwagen

Scherzhafte Bezeichnung im Bundeswehrjargon

Auf Basis des U 1300 L (BR 435) als Lkw 2t tmil gl der Bundeswehr sind auf diversen TrÜbPl zur Begleitung der Truppe bei Gefechtsschießen Fahrzeuge mit einem erhöhten Panoramaaufbau im Einsatz. Diese verfügen für den Leitungs- und Sicherheitsdienst über umfangreiche Fernmeldemittel und können der Truppe im schweren Gelände folgen.

Sauberg

Ortsbezeichnung

Unter den vielen Saubergen in Deutschland ist dieser der wohl berühmteste. Nahe Gaggenau befindet sich das langjährige Unimog-Erprobungs- und Vorführgelände auf einer schwer zugänglichen Bergkuppe. Auf einem anspruchsvollen Geländeparcour mit 110 Prozent Steigung, Betonstufe, Schrägfahr- und Verwindungshindernis sind Generationen von Unimog Dauer- und Extremtests unterzogen und haben damit den legendären Ruf dieses einmaligen Geländefahrzeuges erarbeitet.

SBU
Schwere Baureihe Unimog

Hierzu gehören die Unimog der Typen U 1700 - U 2450. Ein besonderer SBU läuft am 15. Juli 1994 als 300.000 Unimog in Gaggenau vom Band. Das Jubiläumsfahrzeug gehört zur BR 437.1 und war ein U 1850 L mit Doppelkabine, der im Rahmen einer Feierstunde an den Kunden übergeben wurde. Die Übergabe wurde mit einer dekorativen Urkunde für die Nachwelt dokumentiert.

Scheibenbremser

Kfz-technischer Fachausdruck

Der Begriff bezieht sich auf die BR 406/416, die ab 1973 mit den technisch höherwertigen Scheibenbremsen geliefert wurden. Im Vergleich zur vorherigen Trommelbremse ergibt sich dadurch eine deutlich geringere Einpresstiefe der Felgen, so dass mit einem Blick bereits von außen das Bremssystem identifiziert werden kann.

Schmidtplatte

Landläufige Bezeichnung für die Frontanbauplatte (FAP)

1966 erfolgte für Ing. Alfred Schmidt aus St. Blasien die Patentanmeldung einer Geräte-Schnellwechsel-Vorrichtung zum Unimog. Damit können Frontanbaugeräte wie Schneepflüge, Kehrmaschinen und Ähnliches ohne Kraftaufwand von einer Person schnell an- und abgebaut werden. Je nach Leistung des Unimog ist die Anbauplatte in verschiedenen Größen lieferbar. Gegenstück der später allgemein auch Kommunalplatte genannten FAP ist die Anbauplatte geräteseitig, an der sich auch der Hubzylinder befindet.

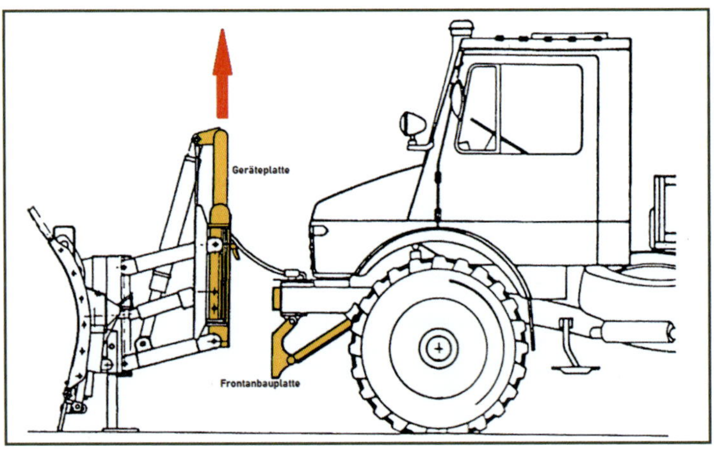

Schubfahrt
Technischer Fachausdruck

MB-trac der schweren BR 443 verfügen über ein Wendegetriebe, das in beide Richtungen vollbelastbar ist. Alle Gänge können sowohl in Vor- als auch in Rückfahrt genutzt werden. Voraussetzung für diese Anwendung ist die Rückfahreinrichtung in Form des Drehsitzes. Die Vorderachse als Lenkachse gelangt dadurch nach hinten und ermöglicht dem Fahrer eine sehr feinfühlige Steuerung und beste Sicht der geschobenen Geräte.

Schubrohr
Technischer Fachausdruck

Die Schubrohre sind eines der wesentlichen Konstruktionsmerkmale für die Geländegängigkeit des Unimog. Sie verbinden mit Schubkugeln jeweils Vorder- und Hinterachse mit dem Getriebe. Die Schubrohre dienen zur technisch erforderlichen Längsführung der Achsen und übertragen die Zug- und Bremskräfte der Achsen auf das Fahrzeug. MBtrac sind nur an der Vorderachse, UGN und UGE gar nicht mit dieser anspruchsvollenanspruchsvolle Technik ausgestattet.

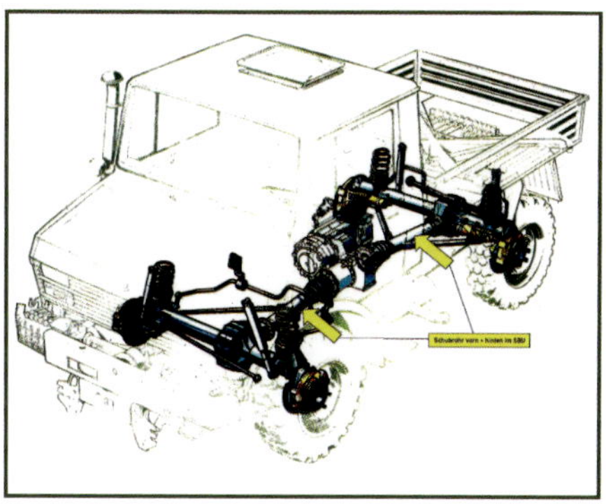

Schwarzwaldräder

Scherzhafte Bezeichnung

Einfache Holzrad-Achse, um Triebköpfe für den Transport zum Anbauhersteller rollfähig zu machen. Falls mehrere Triebköpfe an einen Empfänger zum Versand kamen, wurden diese unter Verzicht auf die Holzräder auch direkt aneinander gekoppelt.

Schweizer Brücke

Eigenname

In die Schweiz verkaufte Unimog wurden oftmals ohne die Original-Pritsche geliefert. Um Wertschöpfung im Land zu behalten beziehungsweise sich an die speziellen Bedürfnisse anzupassen, wurden dann von einheimischen Herstellern, wie Larag, Aebi und so weiter eigene Pritschen gefertigt. Die typische "Schweizer Brücke" ist aus Edelstahl oder duplexiert und nicht lackiert. Gut erkennbar ist sie an der meist verlängerten Brücke und einer erhöhten Gitterstirnwand.

Sechser
Insiderbegriff

Gemeint ist mit dieser Kurzform unter Unimog-Enthusiasten ein U 406. Am begehrtesten sind Fahrzeuge als U 900 mit offenem Fahrerhaus, 84 PS, Scheibenbremsen, großem Getriebe, großem Tank, 405er Reifen und ansonsten voll landwirtschaftlicher Ausstattung.

Seitenschalter
Fachausdruck

Bei den ersten MB-trac der BR 440 befanden sich die Schalthebel noch mittig zwischen den Beinen des Fahrers, sogenannter Mittelschalter. Einen deutlichen Komfortfortschritt brachte die Verlegung der Schalthebel an die rechte Seite bei jüngeren MB-trac aus der BR 440 und überhaupt allen anderen MB-trac. Ein ebener Kabinenboden und die gewonnene Beinfreiheit sorgten für leichtes Ein- und Aussteigen.

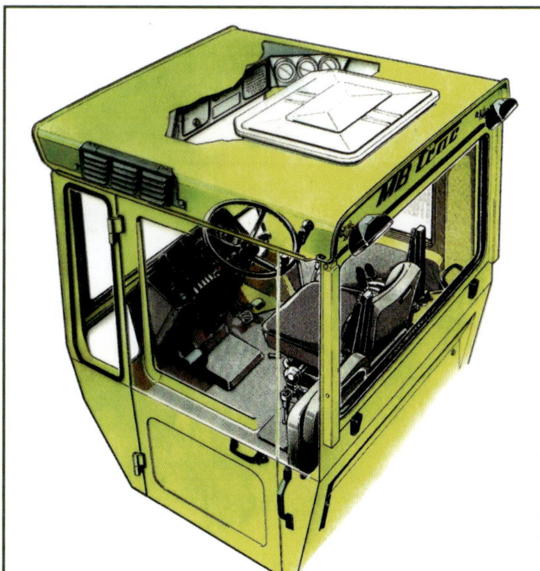

SEE

Small Emplacement Excavator

Diese Unimog bilden unter der Bezeichnung FLU 419 eine eigene Baureihe für sich. Auf Basis des U 406 wurde ein Pionier-Fahrzeug mit Bagger und Frontlader für die US-Armee entwickelt und über die Firma Freightliner vermarktet. Es gab in geringerer Stückzahl auch noch weitere Versionen, zum Beispiel HMMH (High Mobility Material Handler), HME (High Mobility Entrancher), SCM (Sand Clearing Machine).

SensoControl

Bezeichnung für Diagnosesystem für Unimog und MB-trac

Zur Unterstützung der Fehlersuche bei Arbeitshydraulik, Lenkhydraulik, Bremshydraulik, Druckluftanlage und Hydrostat wurde ab 1989 für die Werkstätten ein Prüfkoffer mit Messgeräten eingeführt. Dies kann als Vorläufer der heute üblichen, elektronischen Diagnoseverfahren angesehen werden.

Servolock

Verkaufsbezeichnung

Hydraulisches Verriegelungssystem für Frontanbaugeräte als eine Weiterentwicklung der fahrzeugseitigen Frontanbauplatte. Damit war ein schneller Gerätewechsel werkzeuglos und ohne Kraftanstrengung möglich.

Servotrak

Verkaufsbezeichnung

Da die Unimog wegen ihrer gefederten Hinterachse bis zur Einführung der EHR nur über einen Freigangkraftheber und nicht wie andere Schlepper über eine Regelhydraulik verfügten, wurde bereits Anfang der 1960er Jahre die Servotrak-Einrichtung konzipiert. Dabei wird mit der Vorwärtsbewegung des Unimog über einen dreieckigen Umlenkhebel an den Unterlenkern und ein Kettengehänge Gewichtskraft des Pfluges auf den Unimog-Rahmen übertragen. Dies erhöht die Zugkraft und mindert den Schlupf. Werbezitat: "Als wenn ein Engel von hinten schiebt."

SH
Sonder Heckmotor

Auf Basis des Unimog S wurden auch gepanzerte Varianten entwickelt. Hierzu gehört der Unimog S-H. Die Besonderheit besteht in dem nach hinten verlegten Antrieb. Das Fahrzeug wurde intensiv auch bei den deutschen Streikräften erprobt, passte aber nicht in die damalige Verteidigungskonzeption. So kam es nicht zu einer Beschaffung. Fahrzeuge in nennenswertem Umfang wurden danach bei der schwedischen Firma Landsverk produziert. Auch in Irland wurden Unimog SH eingesetzt.

Sichtkanal

Verkaufsbezeichnung

Unimog der BR 408/418 waren auf Wunsch mit einer asymmetrischen Motorhaube lieferbar. Dadurch wurden die Sichtverhältnisse im Blickbereich des Fahrers deutlich verbessert. Auf diese Weise sollte vor allem auch der Ankuppelvorgang für Frontanbaugeräte erleichtert werden. Dieser Aspekt ist dann später bei der Entwicklung der aktuellen Unimog mit der Freisichtfahrerkabine konsequent weiter berücksichtigt.

Sicken

Fachausdruck in der Metallbearbeitung

Darunter versteht man rinnenförmige Vertiefungen zur Versteifung von dünnwandigen Blechen gegenüber Verformungen oder Schwingungen. Bei MB-trac und Unimog haben Sicken auch eine gestalterische Funktion. Daher ist gerade bei Restaurierungsprojekten auf die originale Ausführung von Nachfertigungen zu achten. Entsprechende handwerkliche Fähigkeiten sind zunehmend schwer zu finden. Das Bild zeigt typische Sicken auf den Kotflügeln eines MB-trac.

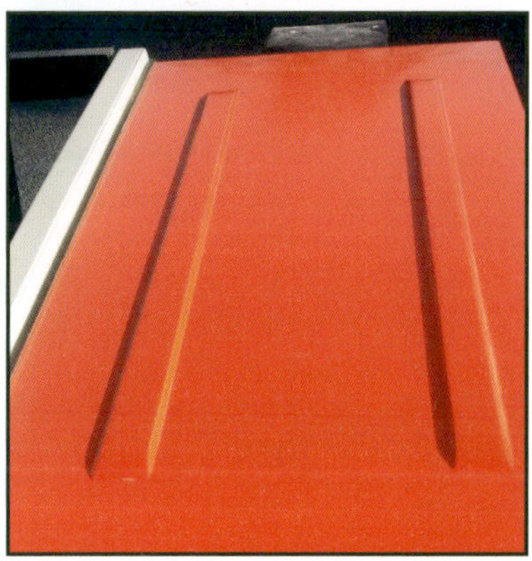

Sitz- und Aufsteckteile

Herstellerbezeichnung für SA

Unimog wurden früher häufig auch zum Transport von Arbeitskräften eingesetzt. Hierzu ließen sich auf der Pritsche klappbare Sitzbänke einhängen. In Verbindung mit einem Pritschenverdeck war diese Anwendung gerade im Weinbau weit verbreitet. Durch ein kluges Konzept ließen sich die Bänke jeweils mit Sitzfläche und Lehne aber auch als aufsteckbare Bordwanderhöhung nutzen. Daraus resultiert die Bezeichnung für diese nützliche Sonderausstattung.

Sitzerhöhung

SA für Unimog-BR 2010 bis 411 mit offenem Führerhaus

Die Sitzerhöhung besteht aus zwei dreiecksförmigen Profilschienenkonstruktionen, die als Adapter zwischen den vorhandenen Sitzschienen und dem eigentlichen Fahrersitz montiert werden. Dadurch erhöht sich einerseits die Sitzposition wie auch andererseits der Sitzwinkel mehr nach vorn geneigt wird. Dies ermöglicht insgesamt eine bessere Übersicht auf frontangebaute Geräte, schränkt aber auch die Beinfreiheit des Fahrers deutlich ein. Mit dieser Ausstattung konnte verständlicherweise nur bei geöffnetem Dach gearbeitet werden.

SKSW

Schmolck, Knoblauch, Schmalz, Wohlgschaft

Bezeichnung für die gemeinsame Vertriebsgesellschaft aus den UGVs Knoblauch mit Wohlgschaft und den Unternehmen Schmalz und Schmolck. Damit wird der gesamte Südwesten von Deutschland abgedeckt.

Sonnendach

Fachterminus im Straßenunterhaltungsdienst

Nach allgemeinem Verständnis soll ein Sonnendach die Sonne eher ins Fahrzeug scheinen lassen, als sie abzuschirmen. Bei Einsätzen mit geringer Fahrgeschwindigkeit wie bei Mäharbeiten im Sommer kann sich durch fehlenden Fahrtwind bei intensiver Sonneneinstrahlung das Innere der Fahrzeugkabine jedoch sehr stark erwärmen. Mit einem drübergesetzten, reflektierenden Isolierdach entsteht über dem Fahrzeugdach eine isolierende Luftschicht mit geringer Wärmeleitfähigkeit. Dadurch und durch die verstellbaren Sonnenblenden wird die Kabineninnentemperatur deutlich gesenkt.

Spinne

Firmenspezifischer Fachausdruck

Mit Einführung des Typ U 411a im Oktober 1961 bekam der Unimog anstelle des Luftkrafthebers eine Ölhydraulik. In dem Zuge wurde die Pritsche mit Hilfe des Teleskopzylinders dreiseitig kippbar. Die bisher fest mit dem Rahmen verschraubte Pritsche wurde dazu abnehmbar auf ein "spinnenförmiges" Untergestell mit Kugeln als Kipplager gesetzt. Diese Bauweise gilt als unimogtypisch und wurde bis 2002 so beibehalten.

SR 1
Sonderreifen 1

Unimog sind für ihren wechselnden Einsatz weder mit Straßen- noch Ackerschlepper-Reifen optimal ausgerüstet. Für die Unimogkunden war es daher ein unschätzbarer Fortschritt, als die Firma Continental einen Reifen mit speziellem "Unimog-Profil" entwickelt hatte. Das SR 1 genannte Profil brachte auf dem Acker eine zufriedenstellende Traktion und überzeugte dennoch auch auf der Straße bei hohen Fahrgeschwindigkeiten mit einer guten Laufkultur. Lieferbar sind für BR 2020, 401 die Größe 6.5-20 und für BR 411 der etwas größere Reifen 7.5-18.

Stabi
Abkürzung für Drehstab-Stabilisator

Stabilisatoren gibt es beim Unimog sowohl für die Hinterachse als auch als SA für die Vorderachse. Sie bestehen aus einer Drehstabfeder, das heißt ein Rundstahl mit gleichsinnig umgebogenen Enden (U-förmig, zwei Hebelarme). Der gerade Mittelteil ist dabei zweifach an der Achse drehbar gelagert und die beiden Hebelarme sind jeweils rechts und links über ein Gelenk mit dem Rahmen verbunden. Die Stabilisatoren vermindern vor allem bei Kurvenfahrten den sogenannten Wankwinkel.

Steckfenster

Kfz-technischer Fachausdruck

Bei allen Unimog-Cabriomodellen sind die Seitenscheiben steckbar mit den Türen verbunden und können so mit wenigen Handgriffen abgenommen werden. Anfangs wurden sie aus Cellon hergestellt, welches schnell zum "Blindwerden" neigt. Ab Mai 1957 wurden dann Polyvinylchloridscheiben verwendet. Auch diese müssen sehr sorgsam behandelt werden, da sie sonst durch Kratzer und Scheuerstellen schnell undurchsichtig werden. Das führte dazu, dass die BR 421, 403/406 später dann Steckfenster mit Glasscheiben erhielten, die zusätzlich auch noch hälftig durch Umklappen geöffnet werden konnten.

S-Trac

Handelsbezeichnung der britischen Firma South Cave Tractors

Auf Basis von MB-trac- beziehungsweise SBU- oder UGN-Fahrgestellen werden von der Firma in England bis heute Trägerfahrzeuge mit nach vorn versetztem Fahrerhaus hergestellt. Diese werden eingesetzt zum Beispiel als selbstfahrende Spritzgeräte, ähnlich dem bei uns bekanntem Dammann-Trac.

SW 4

Polizeibegriff: Sonderwagen 4. Generation

Von der Polizei eingesetztes, leicht gepanzertes Radfahrzeug auf Basis U 1700 L. Die Verkaufsbezeichnung des Herstellers Thyssen ist TM 170. Der Sonderwagen verfügt über eine Seilwinde und kann mit Räumschild ausgerüstet werden. Vor Einführung des Dingo in die BW hatte diese mehrere ehemalige SW 4 unter der Mil-Bezeichnung "Hermelin" im Erprobungseinsatz.

Swedmog

Firmenname

Analog zu dem norwegischen Vertriebspartner Normog bezeichnet sich der schwedische Importeur für Unimog als Swedmog. Der Firmensitz befindet sich in Mönsterås in der Provinz Kalmar in Südschweden. Wichtigste Unimogkunden sind die einheimischen Energieversorgungsunternehmen, die in dem weitläufigen Land die zahlreichen Freileitungen in schwierigstem Gelände errichten und unterhalten müssen.

TerraControl
Verkaufsbezeichnung

Zylinderdruckregelung bei MB-trac und Intrac mit EHR-Ausstattung zur Übertragung von Gerätegewicht auf die Hinterachse zur Schlupfminderung und Bodenschonung.

Terramatic
Verkaufsbezeichnung

Elektro-hydraulische Hubwerksregelung bei Unimog und MB-trac, vormalige Bezeichnung "hydrotronic".

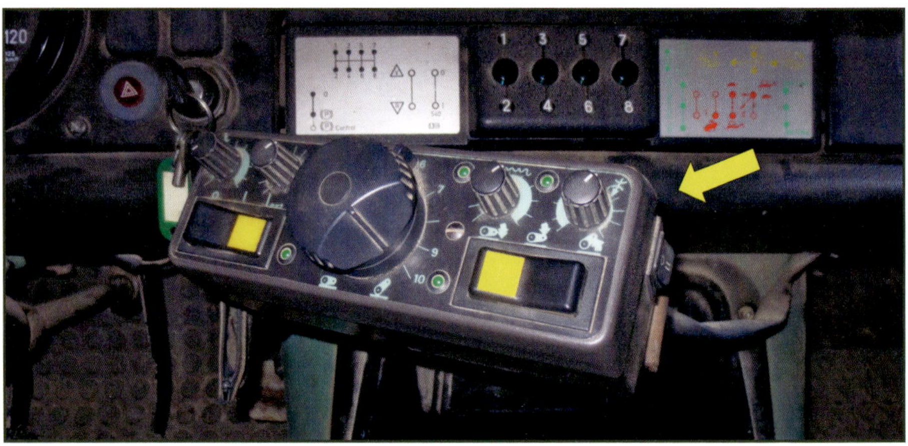

TG
Triebkopf-Geräteträger

Bei dem Fahrzeug aus der BR 437.1, Typ U 2400 TG, handelt es sich um einen sogenannten Schwerlastgeräteträger. Durch Verwendung einer Außenplaneten-Hinterachse mit Zwillingsbereifung und einem Radstand von 4,10 m konnten sehr hohe Nutzlasten beziehungsweise schwerste Aufbaugeräte in Verbindung mit den ansonsten unveränderten, universellen Einsatzmöglichkeiten des Unimog realisiert werden. Die Fahrzeuganpassung erfolgte bei der Firma NHG in Karlsruhe.

tire-control
Verkaufsbezeichnung

Eine werkseitig lieferbare Reifendruckregelanlage im Unimog mit Luftzuführung durch die Achse, die ohne die sonst üblichen, störunganfälligen Schlauchzuführungen von außen auskommt. Damit kann auf dem Acker oder in anspruchsvollem Gelände der schädliche Rad-Schlupf vermindert werden.

trac tronic

MB-trac Elektronic

Ein Datenaustauschsystem für den MB-trac nach dem Bus-Prinzip (Isobus) mit Bedienung durch eine zentrale Ein-/Ausgabeeinheit zur Arbeitserleichterung für den Landwirt. Der Elektronik-Einsatz hat sich erst in den letzten Jahren in der modernen Landtechnik etabliert. Insofern ist die Entwicklung des tractronic-Konzeptes zur damaligen Zeit durchaus als zukunftsweisend zu bezeichnen.

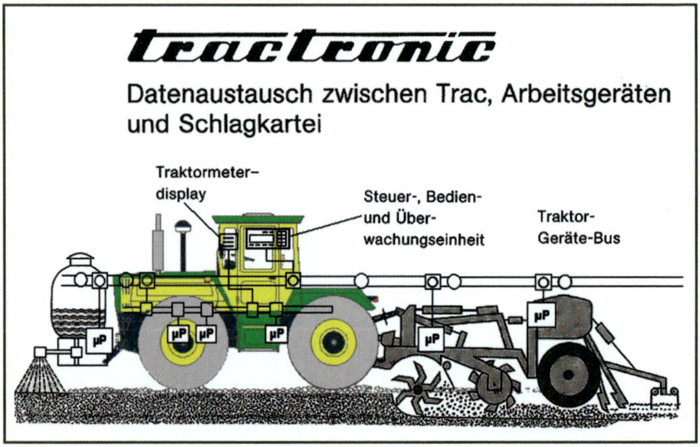

Tremo

Trenkle-Mog

Kleines Kommunalfahrzeug der Firma Trenkle, später Kramer, unter maßgeblicher Verwendung von Bauteilen aus dem Unimog BM 421. Das Fahrzeug verfügte bereits über eine Allradlenkung und war daher für enge Altstadtlagen beziehungsweise Rad- und Gehwege besonders gut geeignet.

Triebkopf

Verkaufsbezeichnung

Von den BR 411 bis 437.1 gab es jeweils ab Werk auch eine Triebkopfvariante. Dazu wurde der Unimog-Rahmen hinter dem Fahrerhaus getrennt und dort stattdessen ein Flansch mit den Anbaupunkten für den Hinterwagen montiert. Weit verbreitet waren Triebköpfe mit Hubwagen oder Absetzkippern der Firmen Ruthmann, Fasieco und Fida. Heute werden Triebkopfversionen nur noch in Einzelfertigung, zum Beispiel durch Eggers in Bremen gefertigt.

Triomäher

Verkaufsbezeichnung

Durch die Kombination von insgesamt drei Mähgeräten am Unimog entsteht eine äußerst leistungsfähige Geräteeinheit, die es erlaubt, im Zwei-Mann-Betrieb den gesamten Mähschnitt im Sicherheitsbereich in einem Arbeitsgang zu bewältigen. Mit dieser Anwendung werden die Kapazitäten des Unimog optimal ausgenutzt, was mit anderen Fahrzeugen so kaum darstellbar ist.

Trommelbremser

Kfz-technischer Fachausdruck

Der Begriff bezieht sich auf die BR 406/416, die ab 1973 wegen der besseren und gleichmäßigeren Bremswirkung serienmäßig nicht mehr mit Trommel- sondern mit Scheibenbremsen geliefert wurden. Die äußeren Unterschiede der beiden Bremssysteme kann man leicht an der Einpresstiefe der Felgen erkennen. Dies hat zur Folge, dass zwar Bereifung der Trommelbremsausführung an Scheibenbremsmaschinen montiert werden kann (wegen der hohen Belastung allerdings nicht empfehlenswert), andererseits umgekehrt die Scheibenbremsbereifung platzbedingt nicht auf Trommelbremsmaschinen passt.

Tschu-Tschu-Bahn

Hersteller-Bezeichnung

Auf der Basis von U 90 beziehungsweise U 1400-Fahrgestellen wurden sogenannte Wegebahnen aufgebaut. Dabei zieht ein Unimog als Lokomotive getarnt bis zu sieben Anhänger mit Platz für 210 Personen. Diese Bahnen fahren inzwischen in 122 Ländern der Welt zum sightseeing in Zoos, Gartenschauen und Messen.

TTE
Trac Technik Entwickungsgesellschaft

Diese anfangs auch als TTEG bezeichnete gemeinsame Gesellschaft der Häuser Daimler-Benz und KHD (Klöckner-Humboldt-Deutz) mit Sitz in Köln entwickelte für MB-trac und Intrac nach deren Auslaufen ein Nachfolgemodell. Unter Federführung von Dr. Dieter Wilkens kam es in 1988 bis zur Vorstellung eines sehr vielversprechenden sogenannten "Mock-up", das unter Fachleuten größtes Interesse auslöste. Aus wirtschaftlichen Gründen wurde das Projekt allerdings nicht bis zur Serienreife geführt und damit im Dezember 1991 das Ende des MB-trac eingeleitet, der dennoch auch 30 Jahre danach noch seine Spuren auf Deutschlands Äckern hinterlässt.

TTVG
Trac Technik Vertriebs Gesellschaft

Vor dem Hintergrund des rückläufigen Schleppermarktes haben die Hersteller DB und KHD im Jahr 1987 ihre jeweiligen "trac-Aktivitäten" zusammengeführt. Im Zuge dieser Kooperation wurde die Trac-Technik-Vertriebsgesellschaft mit Sitz in Gaggenau gegründet. Unter diesem Dach waren Vertrieb und Service für alle MB-trac und Intrac zusammengefasst. Ab 1992 sollte dann von dieser Gesellschaft der geplante Nachfolge-Trac die auslaufenden MB-trac und Intrac ersetzen, wozu es allerdings nicht mehr gekommen ist.

trac-technik

UCG
Unimog Club Gaggenau

Es ist der mitgliederstärkste Mercedes-Benz Markenclub überhaupt mit über 7.300 Unimog- und MB-trac-Freunden aus 42 Ländern der Erde. Die Gründung am 15. Mai 1993 war zwar zunächst nur als regionale Vereinigung rund um die Heimatstadt des Unimog in Gaggenau gedacht. Durch andauernden Mitgliederzuwachs wurde jedoch bald die Gründung von Regionalgruppen im In- und Ausland erforderlich, um die Mitglieder auch außerhalb von Gaggenau clubmäßig betreuen zu können. Neben jährlichen Treffen mit hunderten Fahrzeugen gehört zum Clubleben vor allem die regelmäßig erscheinende Zeitschrift "Unimog Heft ´1".

UGE
Unimog Geräteträger Euro 6

2013 wurde die BR 405 nach 13 Jahren Bauzeit grundlegend überarbeitet. Mit den Typen U 216-530 wurden neue Motoren eingeführt und die Abgastechnologie auf die Norm Euro 6 angepasst. Auch das "Fahrzeug-Gesicht" änderte sich zu Gunsten einer kurzen Stummelhaube. Aus der BR 405 entstammt der zur Zeit leistungsstärkste Unimog mit 300 PS.

UGN

Unimog Geräteträger Neu

Seit der Jahrtausendwende 2000 wird die BR 405 (UGN) mit den Typen U 300, 400, 500 und später noch dem U 290 und U 20 produziert. Mit diesem Paradigmenwechsel erfolgte die Abkehr von dem bisherigen Universal-Konzept des Unimog hin zu zwei "Spezial"-BR, einerseits als professioneller Geräteträger und andererseits als hochgeländegängiges Transportfahrzeug. Die BR-Bezeichnung 405 wurde innerhalb der Unimog-Produktion seltsamerweise zweimal vergeben. Sie existierte schon einmal ab 1957 für eine begrenzte Stückzahl an gepanzerten Fahrzeugen auf Basis des U 404 S.

UHE

Unimog Hochgeländegängig Euro 6

Die BR 437.4 wurde 2013 im Zuge der Umstellung auf die Abgasnorm Euro 6 komplett überarbeitet. Aus Wirtschaftlichkeitsgründen wurde auf die Ausweisung einer neuen BR-Bezeichnung verzichtet, obwohl das Fahrzeug mit den Typen U 4023 + 5023 technisch deutlich verändert ist. Der Motor OM 934 wurde wegen seines gestiegenen Raumbedarfs deutlich nach hinten zu einem "Mittelmotor" versetzt. Äußere Erkennungsmerkmale sind vor allem der neu designte Kühlergrill sowie die kleineren Xenon- Rundscheinwerfer.

UHN

Unimog Hochgeländegängig Neu

Die BR 437.4 mit den Typen U 3000, 4000, 5000 hat ab 2002 die BR 437.1 (SBU) abgelöst. Aus der ehemals schweren BR wurde damit die hochgeländegängige BR im Gegensatz zu den bereits 2000 eingeführten Unimog-Geräteträgern (UGN). Die UHN erfüllen die Abgasnorm Euro 5 und wurden 2013 im Zuge einer deutlichen Überarbeitung von den UHE mit Euro 6 abgelöst. Für Exportmärkte werden UHN-Fahrzeuge aber bis heute produziert.

UKD-Station

Unimog Kundendienst Station

Seit altersher sind die Unimog-Vertragsfirmen hierarchisch gegliedert. Neben den bekannten Generalvertretungen (UGV) gab es auch einfache Vertretungen mit einem deutlich eingegrenzten Verkaufsgebiet. Im Service-Bereich unterschied man sogenannte UKD-Stationen und Unimog-Stützpunkte. Diese hatten in der Regel nur Gebrauchtmaschinenhandel und Werkstattbetrieb. Neugeschäft und die ET-Versorgung wurden grundsätzlich über den Generalvertreter abgewickelt. Heute spricht man einheitlich nur noch von Service-Partnern.

UNIMOG Kundendienst

UNIMOG Stützpunkt

UM

Unimog Museum

Sehr sehenswertes Museum für Unimog und MB-trac am ehemaligen Herstellungsort in Gaggenau am Standort der früheren Unimog-Schulung im OT Rotenfels. Die Ausstellungsschwerpunkte wechseln regelmäßig und ständig werden neue Exponate gezeigt. Besonders beliebt ist das begleitete Unimogfahren im angrenzenden Geländeparcours.

Unicomp

Unimog Computer

Dieser Bordcomputer für SBU brachte Anfang der 1990er Jahre zusammen mit der EHR die Elektronik in den Unimog. Neben der digitalen Anzeige von Fahrgeschwindigkeit, Zapfwellendrehzahl und Flächenleistung war in Verbindung mit einem Radarsensor als Innovation auch eine Schlupfmessung möglich.

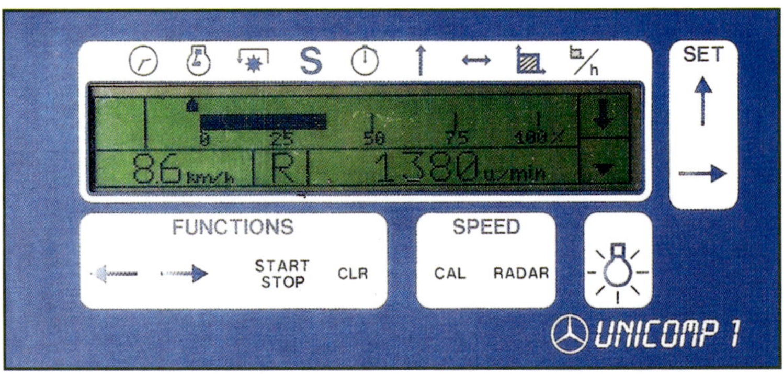

Unifant

Unimog Elefant

Diese etwas witzige Bezeichnung gilt für Unimog mit selbstaufnehmender Kehrmaschine des Herstellers Bucher-Schörling. Der Name soll symbolisch, verglichen mit dem Elefantenrüssel, die hohe Saugkraft und Reinigungsleistung der Maschine zum Ausdruck bringen. Auch dieses Gerät lässt sich problemlos demontieren, um den Unimog danach für andere Aufgaben einsetzen zu können.

Uniknick

Unimog Knicklenkung

Der Uniknick ist ein Forstschlepper von Werner aus Trier, überwiegend auf Basis von Teilen des Unimog 421. Die Besonderheit besteht in der Lenkung in Form eines Knickgelenks, welches das Fahrzeug in Vorder- und Hinterwagen teilt. Vorn befinden sich Fahrerhaus mit Motor und Frontpolderschild und -seilwinde, hinten ist das Rückeaggregat mit Doppeltrommelwinde aufgebaut. Diese Konstruktion ermöglicht trotz der groß dimensionierten Bereifung 14,9/13-26 enorme Geländegängigkeit und Wendigkeit.

Unilift®

Verkaufsbezeichnung

Als eines der Highlights beim UX 100 (BR 409) gilt dieses hydraulische Fronthubwerk mit integriertem Schnellkoppelsystem. Damit war ein schneller und müheloser Wechsel aller kommunalen Frontanbaugeräte möglich, da diese Anbauvorrichtung mit allen im Markt befindlichen Systemen kompatibel ist.

Unitrac

Unimog Tractor

Unimog der BR 421 und 406 mit Gleiskettenlaufwerken, hergestellt von der Firma Tractortecnic der Gebr. Kulenkampff aus Gevelsberg/Westfalen für Einsätze im extremsten Gelände. Montiert wurden unter anderen Forstausstattungen(Skidder), Bohrgeräte, Rohrverleger. Der Unitrac als Universalgeräteträger konnte aber auch mit allen anderen unimogtypischen Anbaugeräten ausgestattet werden.

Uniwolf

Firmenbezeichnung UniWolf Special Vehicles, Inc. Florida, USA

Ab 1995 war geplant, die Verantwortung für Unimog Vertrieb und Service in Nordamerika auf die Firma UniWolf zu übertragen. UniWolf entwickelte Automatikgetriebe und Cummins Dieselmotorversionen des SBU (BR 437). So entstand unter anderen ein U 2350 mit 230 PS. Äußerlich erkennbar sind die Fahrzeuge am Firmenlogo auf dem Kühlergrill, einem roten "W" mit stilisiertem Wolf.

Unterstützungsbock

Zulieferteil der Firma Erhard & Söhne

Da bei den Unimog 2010–411 für den Anhängerbetrieb im schweren Gelände das hintere Zugmaul nicht nur drehbar sondern auch horizontal schwenkbar ausgebildet war, benötigte man für den Einsatz mit Einachsanhängern, zum Beispiel Miststreuern, zur Verhinderung des Abknickens einen Unterstützungsbock. Dieser wurde in die oberen Augen der hinteren Anbauböcke eingesteckt und konnte auch mit einer kettenbetriebenen Zapfwellenverlagerung geliefert werden.

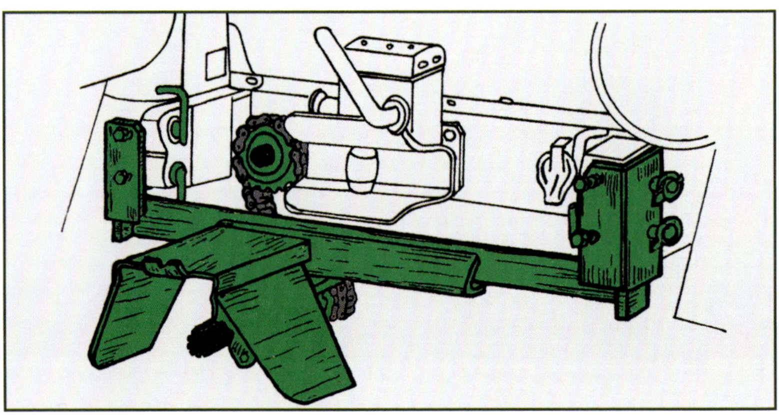

Unterzug

Technischer Fachausdruck für Zulieferteil

Eine Rahmenverstärkung ist bei Verwendung schwerer Anbaugeräte in Front oder Heck erforderlich. Dies betrifft ganz besonders den Einsatz mit Frontladern, Erdschiebern oder Anbaubaggern. Diese Zusatzausstattung gibt es für alle Unimog-Baureihen unter anderen von dem Gerätepartner Firma Schmidt in St. Blasien. Durch den Unterzug wird allerdings die Bodenfreiheit des Unimog deutlich eingeschränkt.

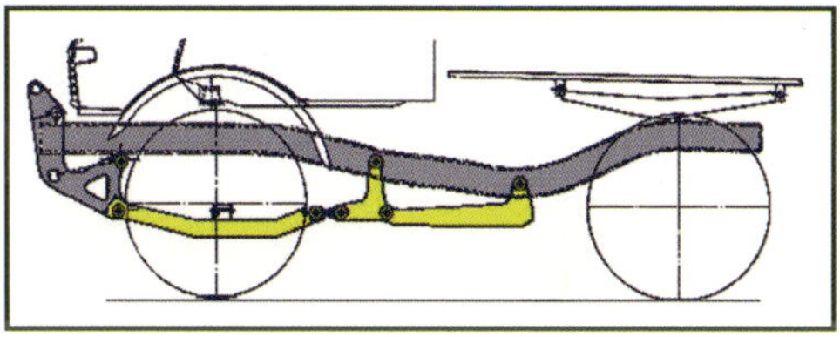

UR

Unimog Rheinstahl

U 416-Fahrgestell für gepanzerte Sonderaufbauten durch Firma Rheinstahl. Das Fahrzeug fand in den 1960er und 1970er Jahren breite Verwendung bei Sicherheitskräften weltweit. Auch in Deutschland erfolgte ein Einsatz als geschütztes Polizeifahrzeug. Für Wartungs- und Reparaturarbeiten am Unimog konnte der Aufbau mit Hilfe von vier Stützen problemlos demontiert werden.

UVC
Unimog Veteranen Club

Es ist ein Club speziell für die Freunde alter Unimog-BR vom Boehringer bis zum U 406. Gegründet am 9. Mai 1985 umfasst der Club etwa 1000 Mitglieder und trägt den roten Ochsenkopf als Logo im Clubabzeichen. Zur Kommunikation und Information erscheint mehrmals im Jahr eine Mitgliederzeitschrift, das UVC-Journal.

Unimog Veteranen Club

UX
Unimog Extra

Der zur BR 409 gehörende UX 100 wurde von 1996–1998 mit einer Anzahl von 790 Stück produziert. Der kleine kompakte Geräteträger bot diverse technische Neuerungen wie beispielweise die Wechsellenkung Vario-Pilot und umfasste zwei BM, den UX 100 H und den UX 100 M. Die Abbildung zeigt einen der seltenen UX 100 6x4.

vario drive®

Verkaufsbezeichnung

In Weiterentwicklung der UX 100 M und UX 100 H wurde 1996 der UX 100 vario drive vorgestellt. Dieses Fahrzeug verfügt über einen modernen Hybridantrieb, das heißt sowohl ein dieselelektrischer wie auch batterieelektrischer Antrieb waren jeweils möglich. Damit wurde zum Beispiel der vollkommen abgasfreie Einsatz in Hallen ermöglicht, während im Freigelände mit Dieselmotor gefahren wird. Mit dem Übergang des UX an die Firma Kommobil wurde das Konzept nicht mehr weiterverfolgt, wenngleich das Thema heute wieder hochaktuell ist.

VarioPilot®

Verkaufsbezeichnung

Mit diesem Begriff wird die für UGN/UGE lieferbare Wechsellenkung bezeichnet. Hier kann mit wenigen Handgriffen (< 1 Minute) die Lenksäule mit Instrumententafel und Pedalanlage wahlweise in Rechts- oder Linkslenkerposition verschoben und arretiert werden. Dies ist besonders gut geeignet bei Einsätzen für Mäharbeiten am Fahrbahnrand oder mit selbstaufnehmenden Kehrmaschinen. Die Technik des VarioPilot basiert bereits auf der Entwicklung des UX 100.

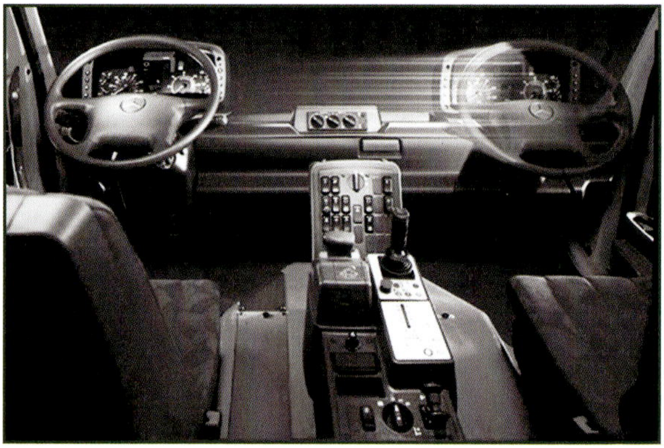

VarioPower®
Verkaufsbezeichnung

Hierunter versteht man bei aktuellen Unimog (BR 405) die Leistungshydraulik bestehend aus zwei Kreisen. Diese bewältigen mehrere Arbeitsvorgänge gleichzeitig oder gemeinsam eine besonders anspruchsvolle Aufgabe. Dadurch kann auf eine diesbezügliche Einzel-Ausstattung der jeweiligen Anbaugeräte zu Gunsten nur einer Anlage für viele Anwendungen verzichtetet werden. Die Leistungshydraulik ist im Pritschenzwischenrahmen montiert und kann daraus leicht entnommen werden, beispielsweise um im Winterdiensteinsatz die Nutzlast zu erhöhen.

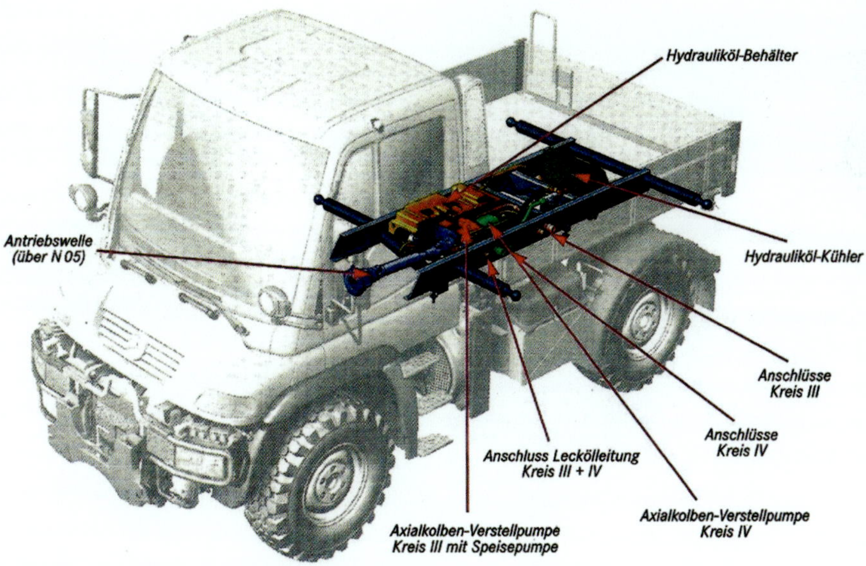

Verdieselung

Synonym für Motorumbau bei U 404 S

Der in großen Stückzahlen produzierte Unimog S hat nach seinem militärischen Leben vielfach in der Hand von Fernreisenden, Aussteigern und Abenteurern sowie auch Extremgeländefahrern ein zweites Dasein bekommen. Allerdings wurde der Geldbeutel durch den erheblichen Verbrauch an Super-Benzin doch arg strapaziert. Was liegt also näher, als das Fahrzeug nachträglich zu verdieseln, also mit einem Dieselmotor aus dem Mercedes-Programm auszustatten. Für diese nicht selten durchgeführte Maßnahme haben begabte Tüftler sogar entsprechende Umbauanleitungen herausgegeben.

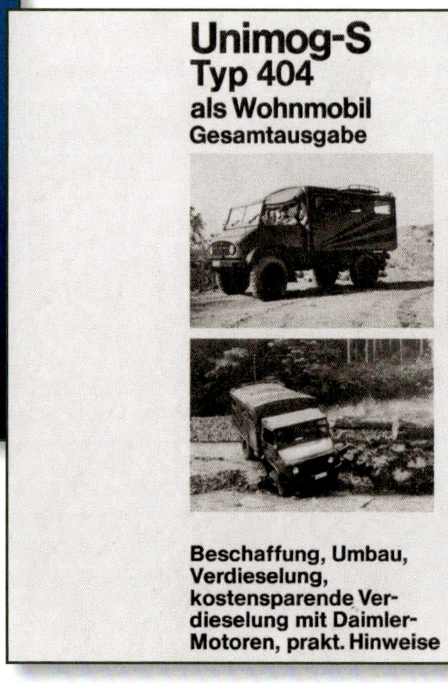

Vierrad-Haltebremse

Verkaufsbezeichnung für SA

Mit dieser Sonderausstattung werden die Betriebs- und Feststellbremse elektropneumatisch gekoppelt. Die Funktion ist nur bei laufendem Motor und eingelegter Feststellbremse gegeben. Damit kann das volle Gewicht des Fahrzeuges im Seilwindeneinsatz als Haltekraft eingesetzt werden. Somit erübrigen sich zusätzliche Hifsmittel wie zum Beispiel eine Bergstütze.

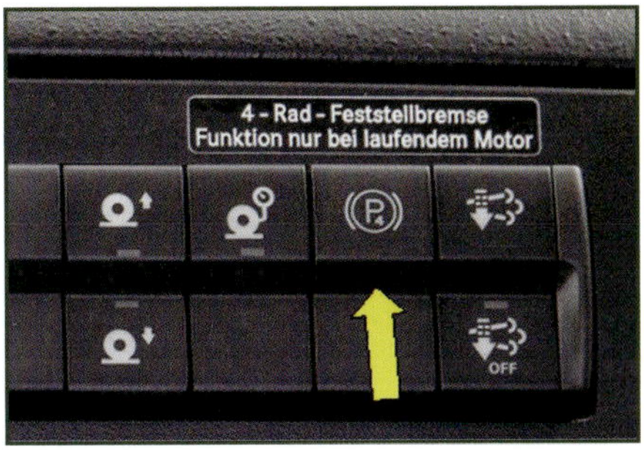

VTH 5000

Vehicule Tactique Heuliez

Für den Export über die französische Firma Heuliez gefertigter SBU mit 204 PS und runder Dachluke. Die Typenbezeichnung und Mercedes-Stern am Kühlergrill sind ersetzt durch das Heuliez-Logo, eine stilisierte Phaeton-Kutsche.

Wischhof-Streifen

Humorvoller Fachausdruck

Dekorstreifen auf beiden Fahrerhausseiten der LBU/MSBU (BR 408/418) und SBU (BR 427/437). Ausführung meist in silber, seltener rot, je nach Fahrzeuggrundfarbe. Der damalige Leiter PBU soll dem Vernehmen nach auf die Anbringung besonderen Wert gelegt haben.

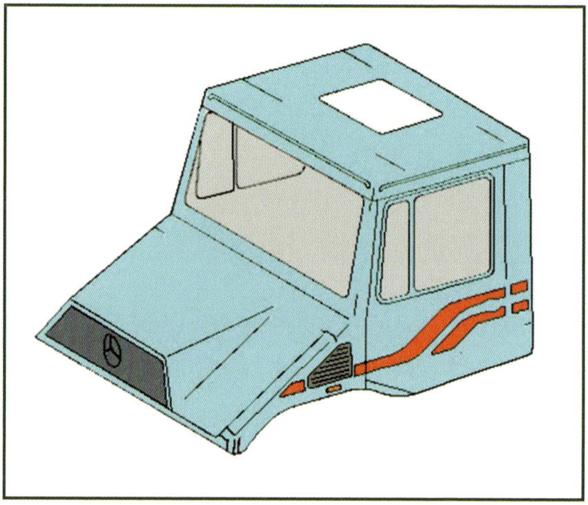

Oben: Zeichnung eines LBU-Fahrerhauses mit Sichtkanal und roten Wischhofstreifen. Unten: Desgleichen in Silber an U 1600 Winterdienstfahrzeug (BR 427) aus dem Jahr 1991

WSK

Wandler Schalt Kupplung

Die Sonderausstattung WSK ist eine Flüssigkeitskupplung, bei der es beim Anfahrvorgang mit hohen Lasten wie Tiefladerbetrieb oder Rangierbetrieb im Zweiwegeeinsatz nicht zum verschleißintensiven Schleifen der Kupplung kommen kann, da die Verbindung zwischen Kurbelwelle und Getriebe über das Wandleröl aufgebaut wird.

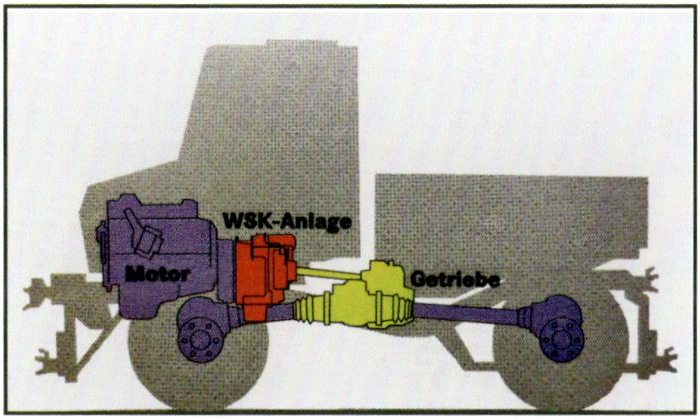

Z-Mog

Zetros Unimog

Im Geschäftsfeld MBS im Werk Wörth werden unter anderen sowohl der Unimog als auch der Hauben-Lkw Zetros gebaut. In der dortigen Versuchsabteilung entstanden als Einzelstücke zwei Fahrzeuge zur Erprobung des FGA 14,5 t (zum Beispiel Fahrgestell für Dingo 2) mit einem Zetrosfahrerhaus und Unimog-Kühlergrill.

ZuMiLa

Zugmaschine mit Ladeeinrichtung

Unter dieser taktischen Polizeiabkürzung versteht man die bei den Bereitschaftspolizeien eingesetzten Unimogs mit Doppelkabine, Frontlader und Ladekran. Mittlerweile ist nach den BR 416, 437 (SBU) nun die BR 437.4 (UHN) als 3. Fahrzeuggeneration im Einsatz. Allgemein gilt hierfür auch die Bezeichnung Bergeräumgerät.

Zweiwege

Kfz-technischer Fachausdruck

Als Zweiwege wird ein Fahrzeug bezeichnet, das sowohl auf der Straße als auch auf Gleisen fahren kann. Alle Unimog- und MB-trac-Baureihen sind mit spezieller Gleisführungsausrüstung hierzu in der Lage und können als Unterhaltungsfahrzeug, im Rettungsdienst oder zum Rangiereinsatz verwendet werden. Der Vorteil besteht darin, dass abseits vom Gleis diese Fahrzeuge auch vollwertig auf der Straße und im Gelände einzusetzen sind. (Foto siehe rechte Seite oben)

Zwotonner

Militärische Lastenklasse

BR 435, Typ U 1300 L, Bw-Bezeichnung: 2 t tmil gl. Das Fahrzeug ist seit 1978 mit insgesamt 18.354 Stück in die Truppe eingeführt und versieht bis heute immer noch in großer Anzahl als Pritschenfahrzeug, Krankenkraftwagen oder Feuerlöschfahrzeug seinen Dienst. Die Abbildung zeigt die Nr. 1 aus der Truppenerprobung von 1975.

Nachträge:

Anteos
Humorvolle Ehrenbezeichnung

Von der französischen Firma TWI (Truck Werks Industries) entwickeltes, geländegängiges Amphibienfahrzeug auf Basis eines Unimog U 1550 L. Der Name geht auf einen legendären griechischen Gott mit nahezu unbezwingbarer Stärke zurück.

El Kolossus
Humorvolle Ehrenbezeichnung

Für die besonderen Anforderungen als Strandretter auf der Insel Sylt setzt das dortige Rote Kreuz einen RTW auf Basis eines Unimog U 2450 L ein. Dieser wird wegen seiner herausragenden Dimensionen vom Personal wie auch von den Insulanern und Badegästen respektvoll als El Kolossus bezeichnet. Der Name bezieht sich auf ein Gemälde des spanischen Malers Goya, das einen kolossalen Riesenmenschen zeigt, der über die Erde herrscht.

Ferkelbretter

Scherzhafte Bezeichnung

Die Sitzbänke, auf denen sechs Personen bequem Platz finden, dienen ebenfalls auch als Aufsteckteile zur Erhöhung des Ladevolumens. Findige Landwirte transportierten so auch Kälber und Ferkel tierschutzkonform, schnell und sicher zu den oft weiter entfernt liegenden Mastbetrieben. Sollten dann wieder Personen befördert werden, fanden sich auf den Sitzflächen noch Hinterlassenschaften der vorherigen Fahrgäste, was zu dem humorvollen Namen führte.

Helvetisierung

CH-Fachausdruck

Unimog, die in der Schweizer Armee zum Einsatz kamen, wurden durch spezielle Zurüstungen modifiziert, um die militärischen Bedürfnisse noch besser erfüllen zu können. Dies umfasste vor allem das Tarnlicht, Halterung für Abschleppseil, Alu-Tafeln zur Truppenkennzeichnung, Halterungen für Schaufel und Wagen-Axt, geänderte Blinker und Rückspiegel. Außerdem gehören dazu verlängerte Kotflügel und Schmutzfänger sowie verschiedene Halterungen und Schilder im Fahrerhaus.

Mr. Mog

Werbebegriff

Im Mai 1996 debütierte der Unimog UX 100. Zu seiner Markteinführung wurde die Sympathiefigur des Mr. Mog erschaffen. Es gab ihn unter anderen als Zeichnung, Plüschfigur, Sticker, Pin und Mousepad. Gerade die von der Firma Steiner gefertigte Plüschfigur ist extrem selten und bei Sammlern sehr begehrt.

Pullman

Automobiltechnischer Fachbegriff

Als Pullman-Fahrzeug (benannt nach dem Amerikaner George Pullman) pflegte man luxuriös eingerichtete Personenwagen zu bezeichnen, die über zusätzliche Sitze im Fond verfügten und somit mindestens sieben Personen Platz boten. Als Unimog-Pullman gilt ein U 411 mit dem komfortablen DvF-Fahrerhaus von Westfalia und montierten Sitzbänken auf der Pritsche. Je nach Witterung konnte hierzu auch noch das Pritschenverdeck aufgebaut werden.

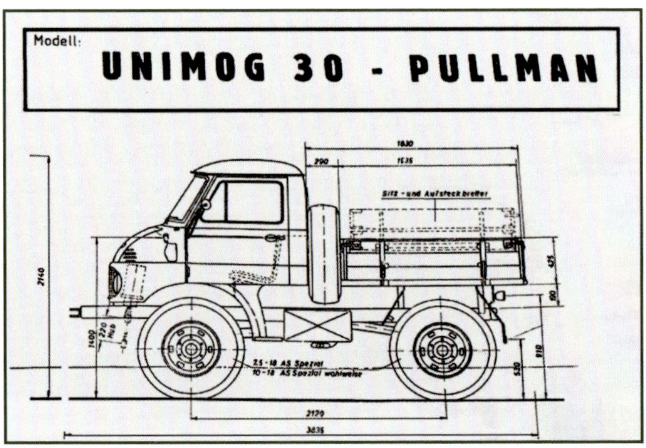

Sauschwänze

Scherzhafter Begriff

Der Begriff stammt ursprünglich aus dem Bergsteigerbereich und meint damit korkenzieherartige Seilhaken. Unimog der Schweizer Armee verfügen hinten links und rechts unter dem Rahmenholm über Haken mit Schutzring, die zur Befestigung der Fangketten einachsiger Anhänger dienen. Im Soldatenjargon des alpin geprägten Militärs werden diese auch als Sauschwänze bezeichnet.

Schmiermax

CH-Soldatenjargon

Mit dieser Bezeichnung werden in der Regel auf humorvolle Weise die Beifahrer in Rallyefahrzeugen oder auch Bordmechaniker in Flugzeugen benannt. In dem oft rauhen, aber kameradschaftlichen Militärjargon, hier speziell bei der Schweizer Armee, verstand man darunter den Unimog 404 des Wartungstrupps. Beladen mit allerlei Ölen und Fetten ist er leicht an dem erhöhten Pritschenverdeck und dem Auspuffschalldämpfer an der Stirnwand erkennbar.

Weitere Bücher unseres Verlages – eine Auswahl

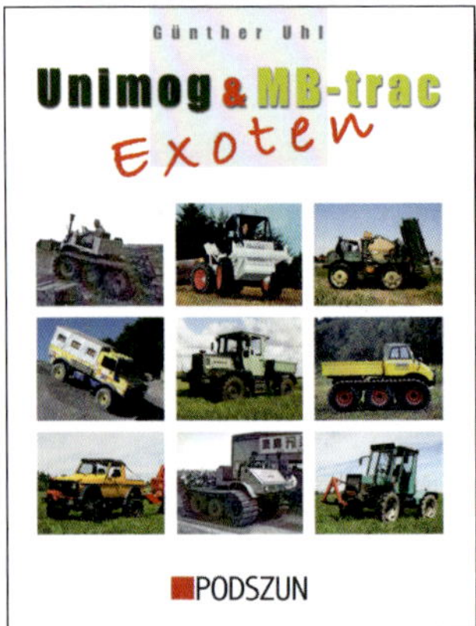

176 Seiten, 480 Bilder, 28 x 21 cm
Festeinband, ISBN 9783861336136
EUR 29,90 Bestellnummer **613**

160 Seiten, 480 Bilder, 28 x 21 cm
Festeinband, ISBN 9783861339649
EUR 29,90 Bestellnummer **964**

160 Seiten, 490 Bilder, 28 x 21 cm
Festeinband, ISBN 9783861339922
EUR 29,90 Bestellnummer **992**

136 Seiten, 320 Bilder, 28 x 21 cm
Festeinband, ISBN 9783861338307
EUR 24,90 Bestellnummer **830**

136 Seiten, 325 Bilder, 28 x 21 cm
Festeinband, ISBN 9783861338567
EUR 24,90 Bestellnummer **856**

144 Seiten, 350 Bilder, 28 x 21 cm
Festeinband, ISBN 9783861332756
EUR 19,90 Bestellnummer **275**